高等职业教育建设工程管理类专业系列教材

GAODENG ZHIYE JIAOYU JIANSHE GONGCHENG GUANLI LEI ZHUANYE XILIE JIAOCAI

U0670646

BIM JIANMO JISHU

BIM建模技术

主　编 / 武　炜

副主编 / 华孟楠　王　博

参　编 / 黄复挽

重庆大学出版社

内容提要

本书以实际工作过程中典型工作环节为基础,以工程项目及"1+X"建筑信息模型职业技能等级考试与 BIM 等级考试真题为载体,系统介绍了利用 Revit Architecture 软件创建建筑模型的全工作流程。

本书分为 3 个项目,共 17 个典型工作环节,包括熟悉 Revit 软件,项目准备,绘制标高与轴网,绘制墙体,绘制柱子,绘制楼板与天花板,绘制屋顶,绘制建筑门窗,绘制楼梯、栏杆扶手,场地与场地构件,创建与编辑图形注释,创建与编辑明细表,管理图纸,制作视图渲染与漫游动画,创建族,创建内建模型,创建体量。

本书可作为高等职业院校土建类专业及其他相近专业的教学用书,也可作为 BIM 技能等级考试学习用书,还可作为建筑工程相关技术人员的培训用书。

图书在版编目(CIP)数据

BIM 建模技术/武炜主编.--重庆:重庆大学出版社,2023.2(2025.5 重印)
高等职业教育建设工程管理类专业系列教材
ISBN 978-7-5689-3677-4

Ⅰ.①B… Ⅱ.①武… Ⅲ.①建筑设计—计算机辅助设计—应用软件—高等职业教育—教材 Ⅳ.①TU201.4

中国国家版本馆 CIP 数据核字(2023)第 003275 号

BIM 建模技术

主　编　武　炜
副主编　华孟楠　王　博
策划编辑:刘颖果

责任编辑:刘颖果　　版式设计:刘颖果
责任校对:邹　忌　　责任印制:赵　晟

＊

重庆大学出版社出版发行
出版人:陈晓阳
社址:重庆市沙坪坝区大学城西路 21 号
邮编:401331
电话:(023) 88617190　88617185(中小学)
传真:(023) 88617186　88617166
网址:http://www.cqup.com.cn
邮箱:fxk@ cqup.com.cn (营销中心)
全国新华书店经销
重庆正文印务有限公司印刷

＊

开本:787mm×1092mm　1/16　印张:12.25　字数:277 千
2023 年 2 月第 1 版　2025 年 5 月第 3 次印刷
印数:2 071—4 070
ISBN 978-7-5689-3677-4　定价:48.00 元

前　言

BIM（Building Information Modeling）技术由 Autodesk 公司在 2002 年率先提出，在全球范围内得到了业界的广泛认可。它可以帮助实现建筑信息的集成，从建筑的设计、施工、运行直至建筑全寿命周期终结，各种信息始终整合于一个三维模型信息数据库中，设计团队、施工单位、设施运营部门和业主等各方人员可以基于 BIM 进行协同工作，有效提高工作效率，节省资源，降低成本，实现可持续发展。BIM 技术的核心是通过建立虚拟的建筑三维模型，利用数字化技术，为这个模型提供完整的、与实际情况一致的建筑工程信息库。近年来，随着工程技术的迅猛发展，BIM 技术在工程领域已成为最受欢迎的对建筑全生命周期进行管理的手段之一。

本书基于 Revit Architecture 软件进行建筑三维模型的操作教学，完成实例工程项目建筑建模，并穿插"1+X"建筑信息模型职业技能等级考试与 BIM 等级考试真题。本书采用活页式教材形式，以任务书的方式，帮助读者更快捷、有效地掌握 Revit Architecture 的应用。本书共3 个项目，即建筑建模、模型成果输出及族和体量。

项目一：建筑建模，共 10 个典型工作环节，主要内容包括：熟悉 Revit 软件，项目准备，绘制标高与轴网，绘制墙体，绘制柱子，绘制楼板与天花板，绘制屋顶，绘制建筑门窗，绘制楼梯、栏杆扶手，场地与场地构件。

项目二：模型成果输出，共 4 个典型工作环节，主要内容包括：创建与编辑图形注释、创建与编辑明细表、管理图纸、制作视图渲染与漫游动画。

项目三：族与体量，共 3 个典型工作环节，主要内容包括：创建族、创建内建模型、创建体量。

为使读者更加直观地理解 Revit 操作内容，编者为部分题目的建模操作步骤录制了教学视频，读者可以通过扫码方式观看。

本书为校企共建教材，适合作为高等职业院校土建类专业及其他相近专业的教学用书，也可作为 BIM 技能等级考试学习用书，还可作为建筑工程相关技术人员的培训用书。

本书由北京工业职业技术学院武炜担任主编，北京工业职业技术学院华孟楠、王博担任副主编，晨曦信息科技股份有限公司黄复换参编。

在编写过程中，参考和借鉴了行业相关书籍、设计和施工规范、技术标准、历年考级真题等文献资料，在此向作者致谢！

由于编者水平有限，书中难免存在不足与疏漏之处，敬请读者批评指正。

编　者
2022 年 7 月

目　录

项目 1　建筑建模 ……………………………………………………………………… 1

典型工作环节 1　熟悉 Revit 软件 …………………………………………………… 2

典型工作环节 2　项目准备 …………………………………………………………… 19

典型工作环节 3　绘制标高与轴网 …………………………………………………… 23

典型工作环节 4　绘制墙体 …………………………………………………………… 31

典型工作环节 5　绘制柱子 …………………………………………………………… 52

典型工作环节 6　绘制楼板与天花板 ………………………………………………… 58

典型工作环节 7　绘制屋顶 …………………………………………………………… 66

典型工作环节 8　绘制建筑门窗 ……………………………………………………… 76

典型工作环节 9　绘制楼梯、栏杆扶手 ……………………………………………… 82

典型工作环节 10　场地与场地构件 …………………………………………………… 96

项目 2　模型成果输出 ……………………………………………………………… 105

典型工作环节 1　创建与编辑图形注释 ……………………………………………… 106

典型工作环节 2　创建与编辑明细表 ………………………………………………… 117

典型工作环节 3　管理图纸 …………………………………………………………… 128

典型工作环节 4　制作视图渲染与漫游动画 ………………………………………… 137

项目 3　族和体量 …………………………………………………………………… 150

典型工作环节 1　创建族 ……………………………………………………………… 151

典型工作环节 2　创建内建模型 ……………………………………………………… 165

典型工作环节 3　创建体量 …………………………………………………………… 173

附录　实例工程图纸 ………………………………………………………………… 185

参考文献 ……………………………………………………………………………… 190

项目 1 建筑建模

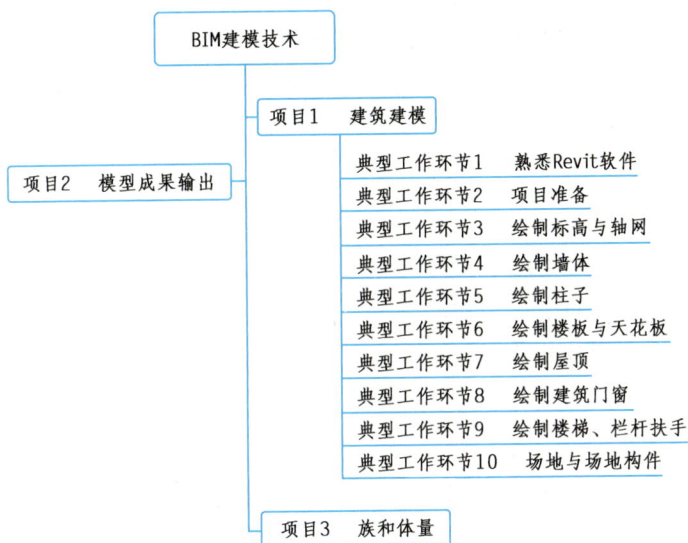

```
BIM建模技术
  │
  ├── 项目1    建筑建模
  │         │
  │         ├── 典型工作环节1    熟悉Revit软件
  │         ├── 典型工作环节2    项目准备
  │         ├── 典型工作环节3    绘制标高与轴网
  │         ├── 典型工作环节4    绘制墙体
  │         ├── 典型工作环节5    绘制柱子
  │         ├── 典型工作环节6    绘制楼板与天花板
  │         ├── 典型工作环节7    绘制屋顶
  │         ├── 典型工作环节8    绘制建筑门窗
  │         ├── 典型工作环节9    绘制楼梯、栏杆扶手
  │         └── 典型工作环节10   场地与场地构件
  │
  ├── 项目2    模型成果输出
  │
  └── 项目3    族和体量
```

学习目标

1.熟悉 Revit 软件及建模环境;

2.掌握建筑专业 Revit 建模方法;

3.掌握 Revit 模型属性定义与编辑。

能力目标

1.具有按照国家标准进行正确建模的能力;

2.具备对建筑模型进行信息收集、信息处理的能力。

素质目标

1.具备一定的学习能力及分析问题、解决问题的能力;

2.具备科学缜密、严谨的工作态度;

3.具备团队精神、合作意识;

4.具备质量意识与责任意识。

典型工作环节 1　熟悉 Revit 软件

✕ 典型工作描述

Revit 软件是一款三维参数化设计软件,它支持建筑信息模型(Building Information Modeling,BIM)所需的设计、图纸和明细表等功能。本工作环节需要掌握 Revit 软件的基本概念以及 Revit 软件的基本操作流程。

学习目标

(1)了解 Revit 软件基本概念;
(2)熟悉 Revit 软件界面;
(3)掌握 Revit 软件基本操作。

任务书

了解 Revit 软件基本概念,熟悉 Revit 软件界面,掌握 Revit 软件基本操作,如图 1-1-1 所示。

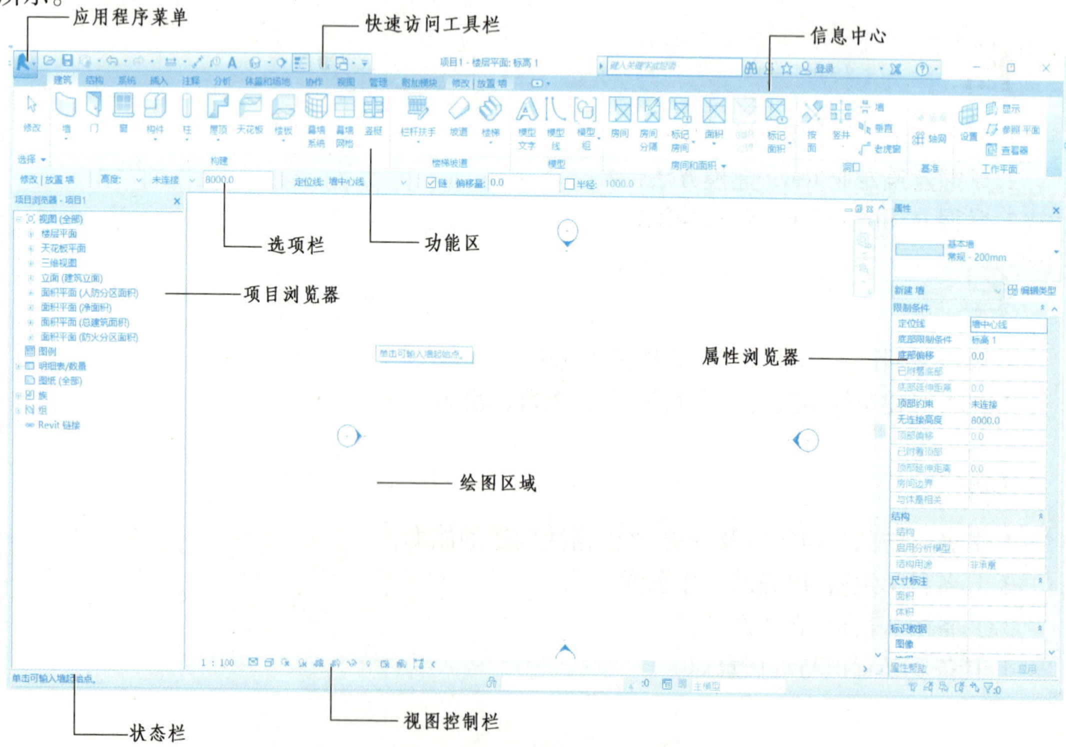

图 1-1-1

工作准备

安装 Revit 软件,查询资料获取 Revit 软件的使用方法、专业术语及界面操作。

工作任务实施

工作任务 1:了解 Revit 软件基本概念(项目、项目样板、族、族样板、图元、类别、类型)。

_____

_____

_____

工作任务 2:熟悉 Revit 软件界面,并掌握其操作。

_____

_____

_____

工作任务 3:熟悉 Revit 项目视图(平面视图、立面视图、剖面视图、详图索引视图与三维视图)。

_____

_____

_____

评价反馈

工作任务评价与分析

评价项目	评价标准	参考分值	得分
Revit 软件基本概念	正确掌握 Revit 软件基本概念	20	
Revit 软件界面及操作	初始界面掌握清晰 操作界面掌握清晰	60	
Revit 项目视图	熟练掌握 Revit 项目视图	20	
总评			

相关知识点

知识点 1:Revit 软件基本概念

(1)项目

项目文件的后缀为. rvt。项目是单个设计信息数据库模型,包含建筑的所有设计信息(从几何图形到构造数据),所有的建筑模型、注释、视图、图纸等项目内容。如图 1-1-2 所示的项目,可在左侧项目浏览器中查看该项目的视图、设计图纸和明细表等。

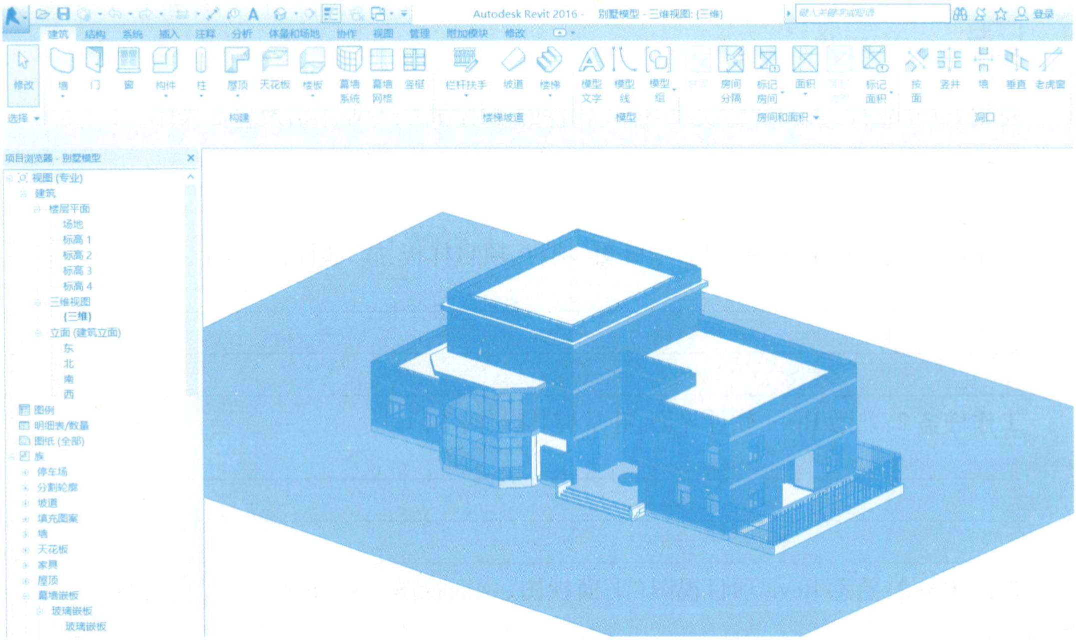

图 1-1-2

（2）项目样板

样板文件的后缀为.rte。项目样板为新项目提供了起点,包含项目单位、标准样式、文字样式、线型、线宽、线样式、导入/导出设置等内容。Revit 中提供了若干样板,如图 1-1-3 所示。也可以创建自定义样板,以满足特定需要。

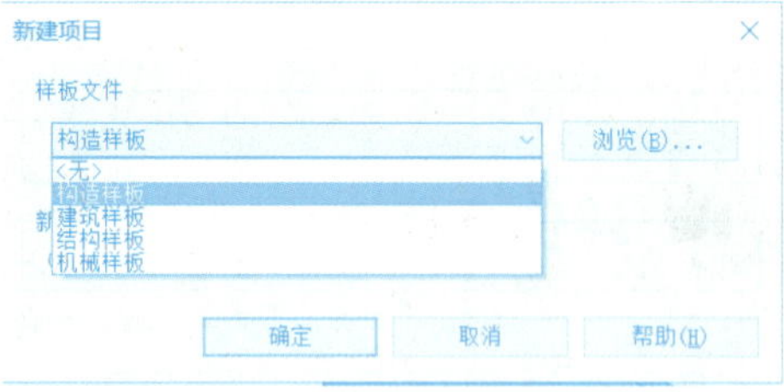

图 1-1-3

（3）族

族是组成项目的基础,也是参数信息的载体。在 Revit 中,所有构件图元均是族。族文件的后缀为.rfa。

（4）族样板

族样板是创建族的起点。族样板中定义了族的类别,预设了创建该类别族时需要使用的辅助构件、参数等,方便族的创建。族样板文件的后缀为.rft。

（5）图元

Revit 中的图元也称为族,共有 3 种类型的图元,即模型图元、基准图元和视图专有图元,具体分类如图 1-1-4 所示。

①模型图元:表示建筑的实际三维几何图形。它们显示在模型的相关视图中。

②基准图元:可帮助定义项目基准位置。

③视图专有图元:只显示在放置这些图元的视图中。它们可以对模型进行描述或归档,分为两种类型:注释图元是模型进行归档并在图纸上保持比例的二维构件;详图图元是在特定视图中提供有关建筑模型详细信息的二维构件。

图 1-1-4

(6) 类别、类型

类别:以构件性质为基础,根据图元的功能属性对族进行归类。

类型:根据族具体的一类属性参数进行分类。

如图 1-1-5 所示,双扇平开窗和单扇固定窗根据其功能属性,将其类别归为窗。不同的族可以根据不同属性划分为不同类型,如可以根据其尺寸、是否带贴面进行划分。

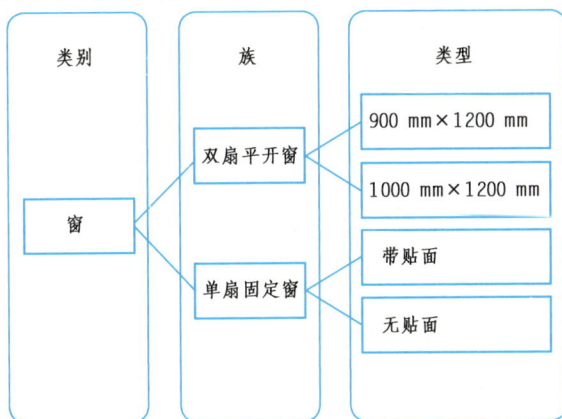

图 1-1-5

知识点 2:启动 Revit 软件

Revit 是标准的 Windows 应用程序,可以通过双击快捷键的方式启动 Revit 主程序。启动完成后显示如图 1-1-6 所示界面,主要包括项目和族两大区域,分别用于打开或创建项目以及打开或创建族。在项目区域中,提供了建筑、结构、机械、构造等项目创建的快捷方式。选择不同的样板文件,将采用各项目默认的项目样板进入新项目创建模式。

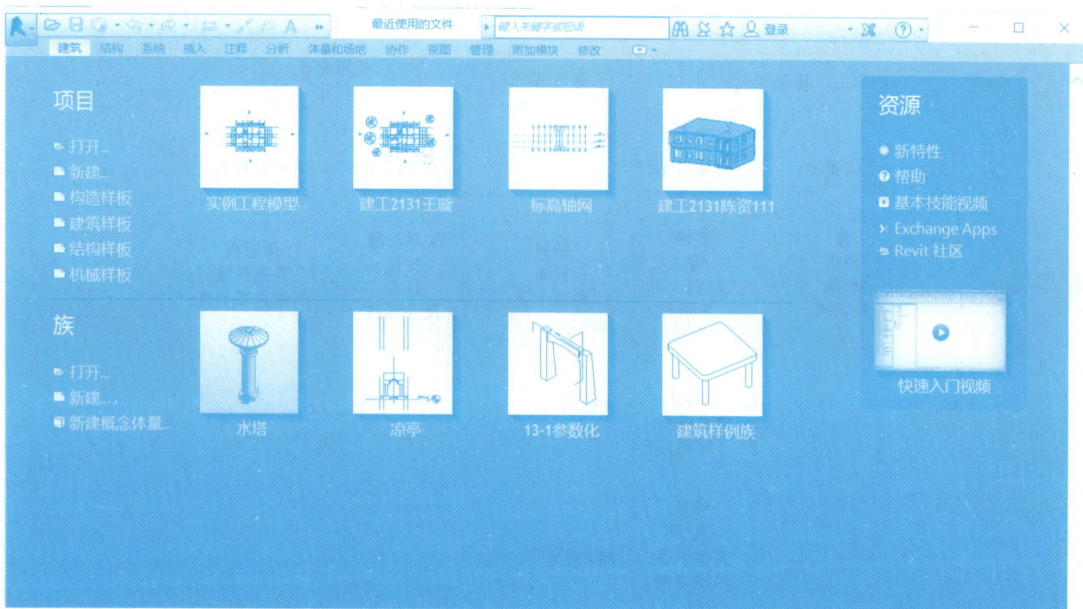

图 1-1-6

界面的右侧有资源功能,包括新特性、帮助、基本技能视频及快速入门视频等。

知识点 3:Revit 软件界面

(1)应用程序菜单

单击左上角"应用程序菜单" 按钮,可以打开应用程序菜单列表,如图 1-1-7 所示。单击"应用程序菜单"右下角的"选项"按钮,可以打开"选项"对话框。如图 1-1-8 所示,在"用户界面"选项中,用户可根据工作需要自定义出现在功能区的选项卡和工具,并且自定义快捷键。

(2)快速访问工具栏

如图 1-1-9 所示,快速访问工具栏包含一组常用的工具,用户可以根据实际工具使用频率,对该工具栏进行自定义编辑。

①将工具添加到快速访问工具栏中:在功能区浏览以显示要添加的工具,在该工具上单击鼠标右键,然后选择"添加到快速访问工具栏"选项,如图 1-1-10 所示。

②从快速访问工具栏中删除工具:在快速访问工具栏中浏览以显示要删除的工具,在该工具上单击鼠标右键,然后选择"从快速访问工具栏中删除(R)"选项,如图 1-1-11 所示。

图 1-1-7

图 1-1-8

图 1-1-9

图 1-1-10

③移动快速访问工具栏：在快速访问工具栏中的任意一个工具旁单击鼠标右键，然后选择"在功能区下方显示快速访问工具栏"选项，如图 1-1-11 所示。

从快速访问工具栏中删除(R)

添加分隔符(A)

自定义快速访问工具栏(C)

在功能区下方显示快速访问工具栏

图 1-1-11

④自定义快速访问工具栏：单击快速访问工具栏最右侧的 ▾ 按钮，展开下拉列表(图 1-1-12)，可以选择显示在快速访问工具栏中的工具，选择底部的"自定义快速访问工具栏"选项，在打开的"自定义快速访问工具栏"对话框中可以调整工具的先后顺序、删除工具、添加分隔符等，如图 1-1-13 所示。

图 1-1-12

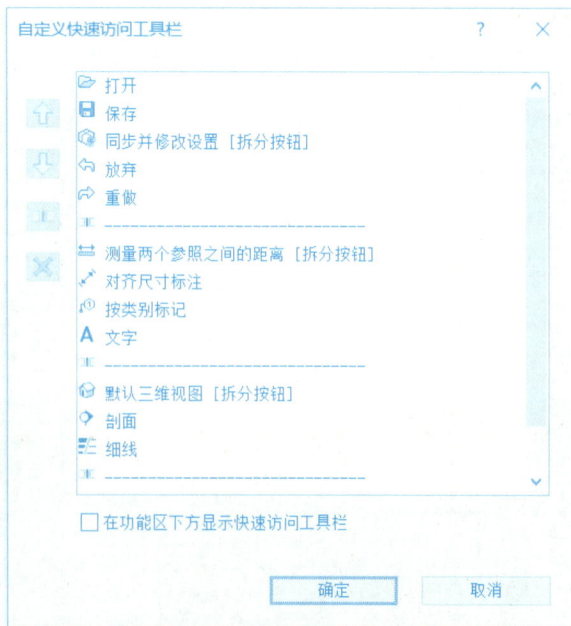

图 1-1-13

（3）功能区

功能区提供了在创建项目或族时所需要的全部工具，包括选项卡、上下文选项卡和选项栏。

①选项卡：选项卡中包含 Revit 各主要工具，如图 1-1-14 所示。

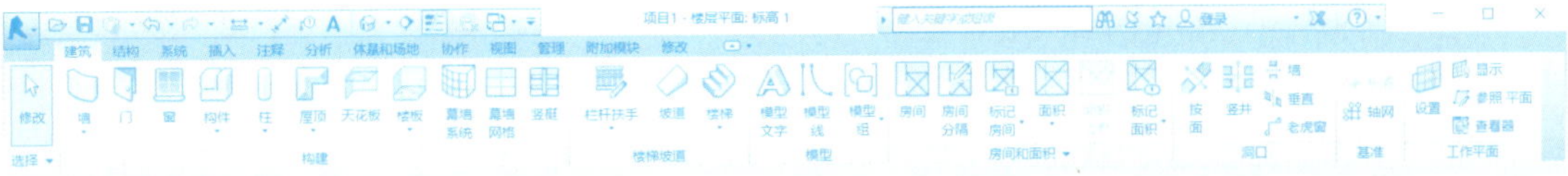

图 1-1-14

②上下文选项卡：激活某些工具或选中图元时，系统会添加并切换到上下文选项卡（图1-1-15），包含绘制或者修改图元的各种工具以及各种阵列和复制工具等。退出该工具或清除选择时，该上下文选项卡将关闭。

图 1-1-15

③选项栏：选项栏默认位于功能区下方，用于设置当前正在执行的操作的细节。选项栏内容因当前所执行的工具或所选图元的不同而不同，图 1-1-16 所示为使用墙工具时选项栏的设置内容。可以根据需要将选项栏移动到 Revit 窗口的底部，在选项栏上单击鼠标右键，然后选择"固定在底部"选项即可。

图 1-1-16

（4）项目浏览器

项目浏览器用于组织和管理当前项目中包括的所有信息，包含项目中所有视图、明细表、图纸、族、组、链接的 Revit 模型等项目资源。Revit 按逻辑层次关系组织这些项目资源，方便用户管理。展开和折叠各分支时，将显示下　层项目。图 1-1-17 所示为项目浏览器中包含的项目内容。项目浏览器中，项目类别前显示"⊞"表示该类别中还包括其他子类别项目。在Revit 中进行项目设计时，最常用的就是利用项目浏览器在各视图中切换。

在 Revit 中，可以在项目浏览器中任意名称上单击鼠标右键，在弹出的菜单中选择"搜索"选项，打开"在项目浏览器中搜索"对话框（图 1-1-18），可以使用该对话框在项目浏览器中对视图、族及族类型名称进行查找定位。

（5）属性浏览器

属性浏览器可以查看和修改用来定义 Revit 中图元实例属性的参数。属性浏览器各部分的功能如图 1-1-19 所示。

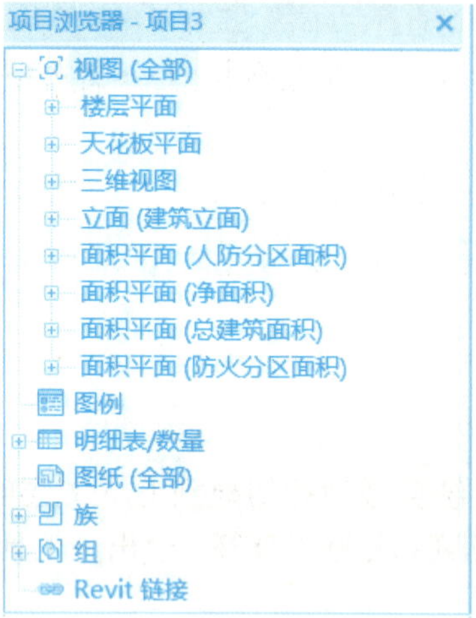

图 1-1-17

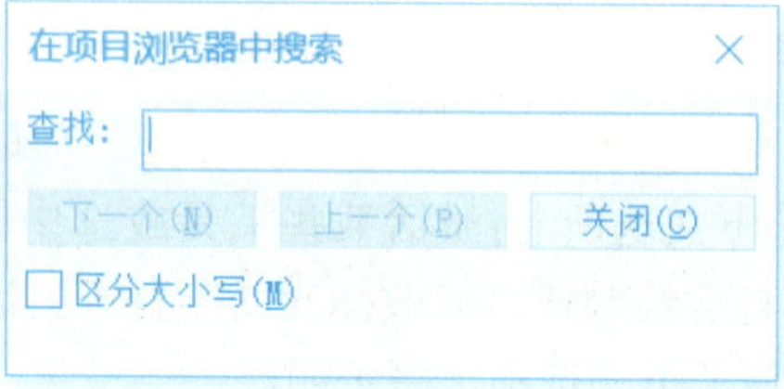

图 1-1-18

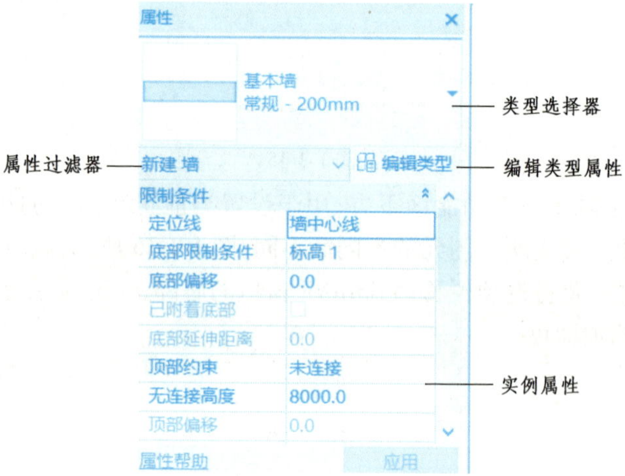

类型选择器

属性过滤器 —— 编辑类型属性

实例属性

图 1-1-19

在任何情况下,按快捷键"Ctrl+1",均可以打开或关闭属性浏览器;还可以选择任意图元,单击上下文选项卡"属性"面板中"属性"按钮将其打开;或者在绘图区域单击鼠标右键,在弹出的快捷菜单中选择"属性"选项将其打开。可以将属性浏览器固定在 Revit 窗口的任一侧,也可以将其拖拽到绘图区域的任意位置成为浮动面板。当选择图元对象时,属性浏览器将显示当前所选择对象的实例属性;如果未选择任何图元,则选项卡上将显示活动视图的属性。

(6)View Cube 和导航栏

用户打开项目三维视图,View Cube 默认显示在屏幕右上方,如图 1-1-20 所示。通过单击 View Cube 的面、顶点或边,可以在模型的各立面、等轴测视图间进行切换。按住鼠标左键并拖拽 View Cube 下方的圆环指南针,还可以改三维视图的方向为任意方向,其作用与按住"Shift"键和鼠标中键并拖拽的效果类似。为更加灵活地进行视图缩放控制,Revit 提供了导航栏工具,如图 1-1-21 所示。默认情况下,导航栏位于视图选项卡的"用户界面"下拉菜单中,如图 1-1-22 所示。在任意视图中,都可以通过导航栏对图进行控制。

图 1-1-20

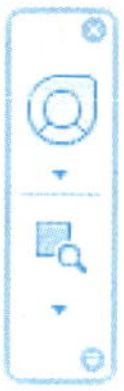

图 1-1-21

图 1-1-22

图 1-1-23

导航栏主要提供两类工具,即视图平移查看工具和视图缩放工具。单击导航栏上方第一个圆盘图标,将进入全导航控制盘控制模式(图 1-1-23),全导航控制盘将跟随光标的移动而移动。全导航控制盘提供缩放、平移、动态观察(视图旋转)等工具,移动光标至导航盘中工具位置,按住鼠标左键不动即可执行相应的操作。

(7)视图控制栏

视图控制栏位于 Revit 窗口底部、状态栏上方,可以快速访问影响绘图区域的功能,如图 1-1-24 所示。视图控制栏从左至右分别为:视图比例、视图详细程度、视觉样式、阴影控制、日光路径控制、裁剪视图、裁剪边界可见性、临时隐藏/隔离图元、显示隐藏图元、临时视图属性、隐藏分析模型、显示约束。注意:由于在 Revit 中各视图均采用独立的窗口显示,所以在任何视图中进行视图控制栏的设置,均不会影响其他视图的设置。

图 1-1-24

①视图比例。视图比例用于控制模型尺寸与当前视图显示之间的关系。单击视图控制栏 1：100 ,在比例列表中选择比例值即可修改当前视图的比例。注意:无论视图比例如何调整,均不会修改模型的实际尺寸,仅会影响当前视图中添加的文字、尺寸标注等注释信

息的相对大小。Revit 允许为项目中的每个视图指定不同比例,也可以创建自定义视图比例。

②视图详细程度。Revit 提供了 3 种视图详细程度:粗略、中等、精细。Revit 中的图元可以在族中定义不同视图详细程度模式下要显示的模型。如图 1-1-25 所示为在门族中分别定义"粗略""中等""精细"模式下图元的表现。Revit 通过视图详细程度控制同一图元在不同状态下的显示,以满足出图要求。

粗略　　　　　　　　　中等　　　　　　　　　精细

图 1-1-25

③视觉样式。视觉样式用于控制模型在视图中的显示方式。Revit 提供了 6 种视觉样式:线框、隐藏线、着色、一致的颜色、真实、光线追踪。其显示效果逐渐增强,但所需要的系统资源也越来越多。一般平面或剖面施工图可设置为线框或隐藏线样式,这样系统消耗资源比较少,项目运行较快。

"线框"样式是显示效果最差但速度最快的一种显示方式。"隐藏线"样式下,图元将做遮挡计算,但并不显示图元的材质颜色。"着色"样式和"一致的颜色"样式都将显示对象材质"着色颜色"中定义的色彩,"着色"样式将根据光线设置显示图元明暗关系;"一致的颜色"样式下,图元将不显示明暗关系。"真实"样式与材质定义中"外观"选项参数有关,用于显示图元渲染时的材质纹理。"光线追踪"样式将对视图中的模型进行实时渲染,效果最佳,但将消耗大量的系统资源。

图 1-1-26 所示为在默认三维视图中同一段墙体在 6 种不同模式下的不同表现。

④打开/关闭日光路径、打开/关闭阴影。单击日光路径图标 ✿,可以对日光进行详细设置。在视图中,可以通过打开/关闭阴影图标 ✿ 在视图中显示模型的光照阴影,增强模型的表现力。

⑤裁剪视图、显示/隐藏裁剪区域。视图裁剪区域定义了视图中用于显示项目的范围,由两个工具组成:是否启用裁剪及是否显示裁剪区域。可以单击图标 ▥ 在视图中显示裁剪区域,再单击图标 ▥ 启用视图裁剪功能,并通过拖曳裁剪边界,对视图进行裁剪。裁剪后,将不再显示裁剪框外的图元。

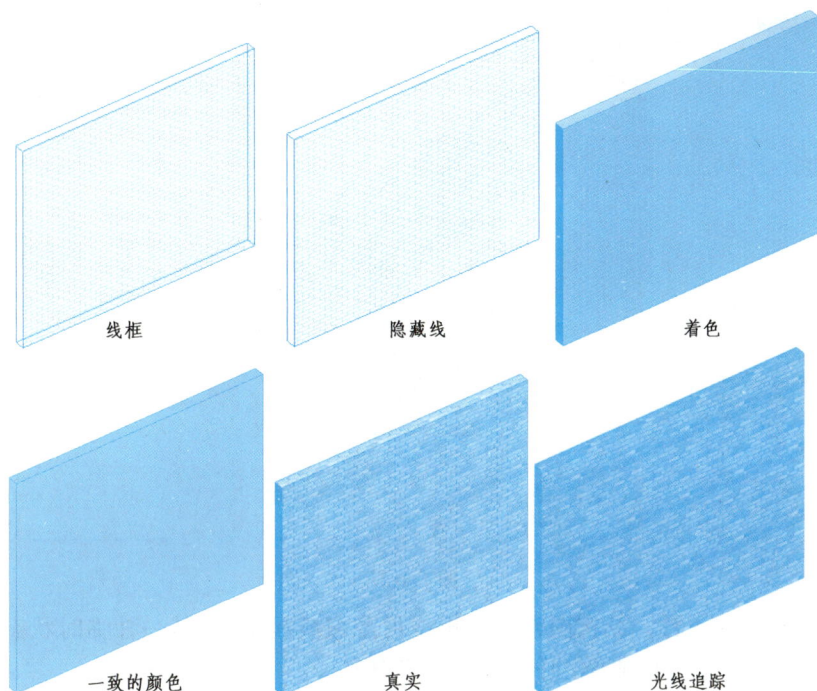

线框　　　　　　　隐藏线　　　　　　　着色

一致的颜色　　　　　　真实　　　　　　　光线追踪

图 1-1-26

⑥临时隐藏/隔离图元和显示隐藏图元。在视图中,选择需要临时隐藏的图元,单击"临时隐藏或隔离"图标 ![icon],在弹出的对话框中,可以根据需要对所选择的图元进行隐藏和隔离。其中,隐藏图元选项将隐藏所选图元,隔离图元选项将在视图中隐藏所有未被选定的图元。可以根据图元(所有选择的图元对象)或类别(所有与被选择的图元对象属于同一类别的图元)对图元的隐藏或隔离进行控制。

视图中被临时隐藏或隔离的图元,视图周边会显示蓝色边框。此时,再次单击"临时隐藏或隔离"图标 ![icon],选择"重设临时隐藏/隔离"选项,将恢复被隐藏的图元;或选择"将隐藏/隔离应用到视图"选项,此时视图周边蓝色边框消失,将永久隐藏不可见图元,即保存后无论任何时候,图元都将不再显示。

要查看项目中隐藏的图元,如图 1-1-27 所示,可以单击视图控制栏中"显示隐藏的图元"图标 ![icon],Revit 将会显示彩色边框,所有被隐藏的图元均会显示为亮红色。

单击选择被隐藏的图元,选择"显示隐藏的图元"→"取消隐藏图元",可以恢复图元在视图中的显示。注意恢复图元显示后,务必单击"切换显示隐藏图元模式"或再次单击视图控制栏中"显示隐藏的图元"图标 ![icon],以返回正常显示模式。

⑦显示/隐藏渲染对话框(仅三维视图才可使用)。单击图标 ![icon],将打开渲染对话框,以便对渲染质量、光照等进行详细设置。

⑧解锁/锁定三维视图(仅三维视图才可使用)。如果需要在三维视图中进行三维尺寸标注及添加文字注释信息,需要先锁定三维视图。单击图标 ![icon] 将创建新的锁定三维视图。锁定的三维视图不能旋转,但可以平移和缩放。

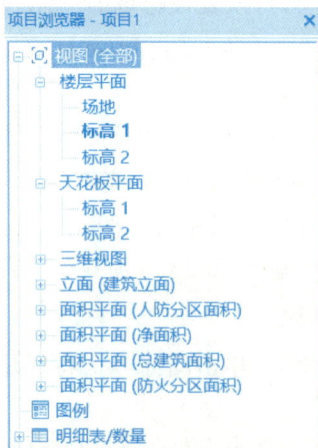

图 1-1-27

⑨分析模型的可见性。结构图元的分析线可隐藏或显示,这是一种临时状态,并不会随项目一起保存,清除此选项则退出临时分析模型视图。

知识点 4:Revit 项目视图

Revit 中常用的视图有平面视图、立面视图、剖面视图、详图索引视图、三维视图等。修改某一个视图中的信息时,其他视图会被同步修改。

(1)平面视图

平面视图属于二维视图的一种,用户可以在平面视图中直观地看到构件的平面尺寸与距离。如图 1-1-28 所示,平面视图包括楼层平面、天花板平面等。同一个楼层可以根据需要创建任意数量的楼层平面视图,用于表现不同的功能要求。如图 1-1-29 所示,用户可以通过单击"视图"选项卡→"创建"面板→"平面视图"下拉菜单,选择需要创建的平面视图类型。

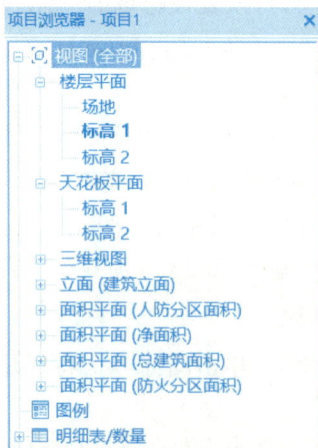

图 1-1-28

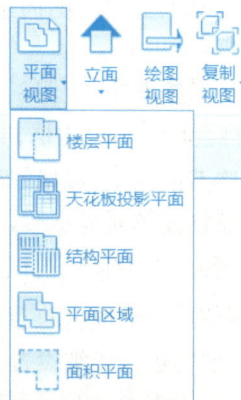

图 1-1-29

在楼层平面视图中,属性浏览器显示当前视图的属性,如图 1-1-30 所示。单击"视图范围"后的"编辑..."按钮,打开"视图范围"对话框,可以定义平面视图范围及视图深度范围,如图 1-1-31 所示。

图 1-1-30

图 1-1-31

平面视图范围:每个平面视图都具有"视图范围"视图属性,该属性也称为可见范围。视图范围⑦是用于控制视图中模型对象的可见性和外观的一组水平平面。主要范围⑤包括顶部平面①、剖切面②、底部平面③。顶部平面和底部平面用于设置主要范围⑤的上下边界。剖切面是确定剖切高度的平面,使低于该剖切面的建筑构件以投影显示,而与该剖切面相交的其他建筑构件显示为截面,如图 1-3-32 所示。

视图深度范围:视图深度⑥是视图范围外的附加平面,可以设置视图深度的标高,以显示位于裁剪平面之下的图元。偏移(从底部)④是视图深度的范围值。主要范围⑤的底部偏移值不能超过视图深度⑥设置的范围。

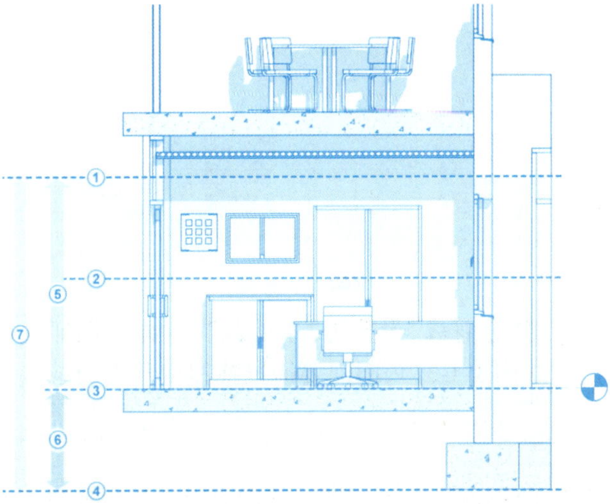

图 1-1-32

①—顶部平面;②—剖切面;③—底部平面;④—偏移(从底部);⑤—主要范围;⑥—视图深度;⑦—视图范围

（2）立面视图

默认的样板中已经为项目创建了东、西、南、北 4 个立面，通过双击项目浏览器中立面视图可以打开相应的立面，如图 1-1-33 所示。当用户不小心误删了其中的立面视图，可以单击"视图"选项卡→"创建"面板→"立面"下拉菜单→"立面"（图 1-1-34），在平面视图中放置立面符号，并选中立面符号，在 4 个方向的复选框中勾选需要观察的立面方向即可再次创建新的立面视图，如图 1-1-35 所示。

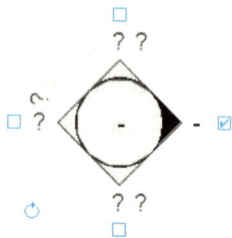

图 1-1-33　　　　　　　　图 1-1-34　　　　　　　　图 1-1-35

与平面视图类似，Revit 立面视图也需要定义合理的视图范围，尤其是新建的立面视图，一般需要在属性浏览器中调整视图范围。在立面视图中单击属性浏览器中的"远剪裁"按钮，设置"远剪裁"的方案，如图 1-1-36 所示。

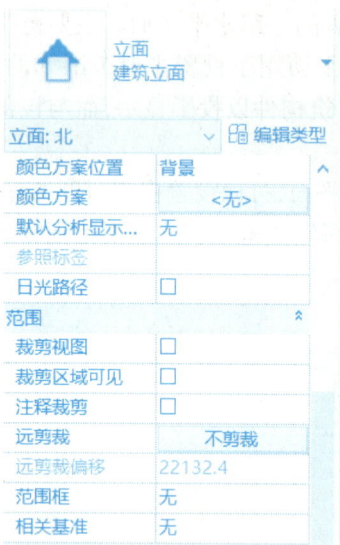
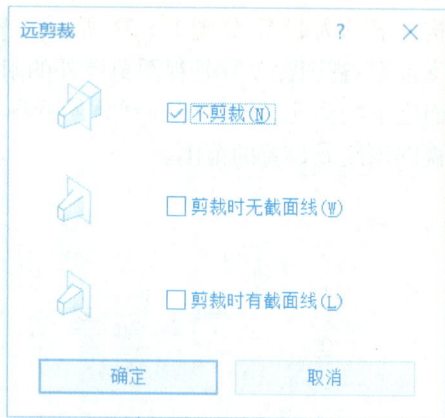

图 1-1-36

在实际项目中一般会将"远剪裁"设置为"不剪裁"，这样能保证观察到的视图范围不受限制，若设置为后两种情况（图 1-1-37），则需要通过拖拽剪裁平面端点来调整立面的查看区域大小。

（3）剖面视图

剖面视图允许用户在平面视图、立面视图或详图索引视图中通过在指定位置绘制符号线的方式，对模型进行剖切，并根据剖面视图的剖切和投影方向生成模型投影。剖面视图具有明显的剖切范围，如图 1-1-38 所示，单击剖面箭头即可显示剖切深度范围线，可以通过鼠标自由拖拽此线。

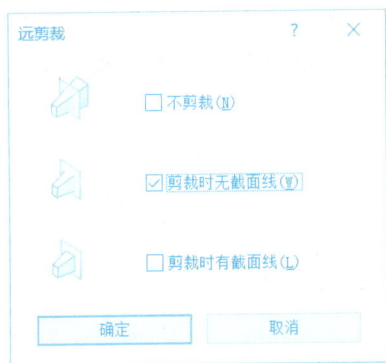

图 1-1-37

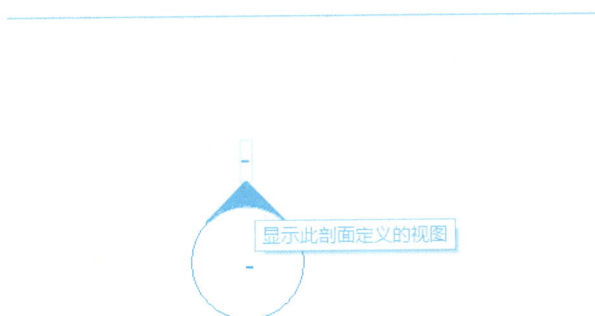

图 1-1-38

单击"视图"选项卡→"创建"面板→"剖面" 即可创建剖面视图,与创建立面视图类

似,创建完的剖面视图可以切换观察方向、调整视图范围与深度,如图 1-1-39 所示。

图 1-1-39

(4)详图索引视图

当用户在当前比例的视图中无法表达清楚部分节点信息时,需要在当前视图中为该节点添加详图索引,详图索引会以较大比例显示该视图的节点部分,并提供这一部分的详细信息,如图 1-1-40 所示。

矩形
用于在视图中创建矩形详图索引。

详图索引(平面或详图)可以隔离模型几何图形的特定部分,以便显示详图的更高标高。参照详图索引允许在项目中多次参照同一个视图。

图 1-1-40

当需要对模型的局部细节进行放大显示时,可以使用详图索引视图。可在平面视图、剖面视图或立面视图中添加详图索引,创建的这个详图索引视图称为父视图。在详图索引范围内的模型部分将以设置的比例显示在独立视图中,因此详图索引视图会显示父视图中某一部分的放大版本,且所显示的内容与原模型关联。

(5)三维视图

单击"视图"选项卡→"创建"面板→"三维视图"下拉菜单或者直接单击"快速访问工具栏"中三维视图按钮,如图 1-1-41 所示,可以将视图切换至默认三维视图。

用户在绘制模型过程中往往需要打开多个视图,在多个视图间来回切换,切换的视图过多会导致计算机反应速度下降。此时,可以根据实际情况及时关闭无须观看的视图,或通过"视图"选项卡→"窗口"面板→"关闭隐藏对象"工具,一次性关闭除了当前打开窗口外的其他视图窗口,如图 1-1-42 所示。

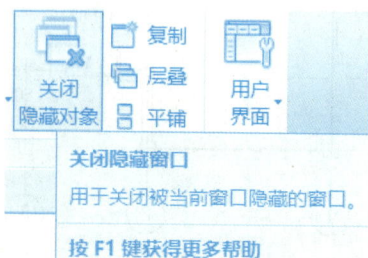

图 1-1-41   图 1-1-42

典型工作环节 2　项目准备

✕ 典型工作描述

任何项目在开始前,都需要在前期进行基本设置等准备工作,从而使得各绘图人员做到项目单位、对象样式、线型图案、项目位置、项目标注、其他等设置统一。可以在 Revit "管理"选项卡中进行各类基本设置。本工作环节需要掌握项目的创建方法,并对项目信息及单位进行设置。

👥 学习目标

(1)掌握项目创建方法;
(2)掌握项目信息设置与单位设置方法。

📖 任务书

创建新项目,按图 1-2-1 要求设置项目单位、对象样式、线型图案、项目位置、项目标注等信息。

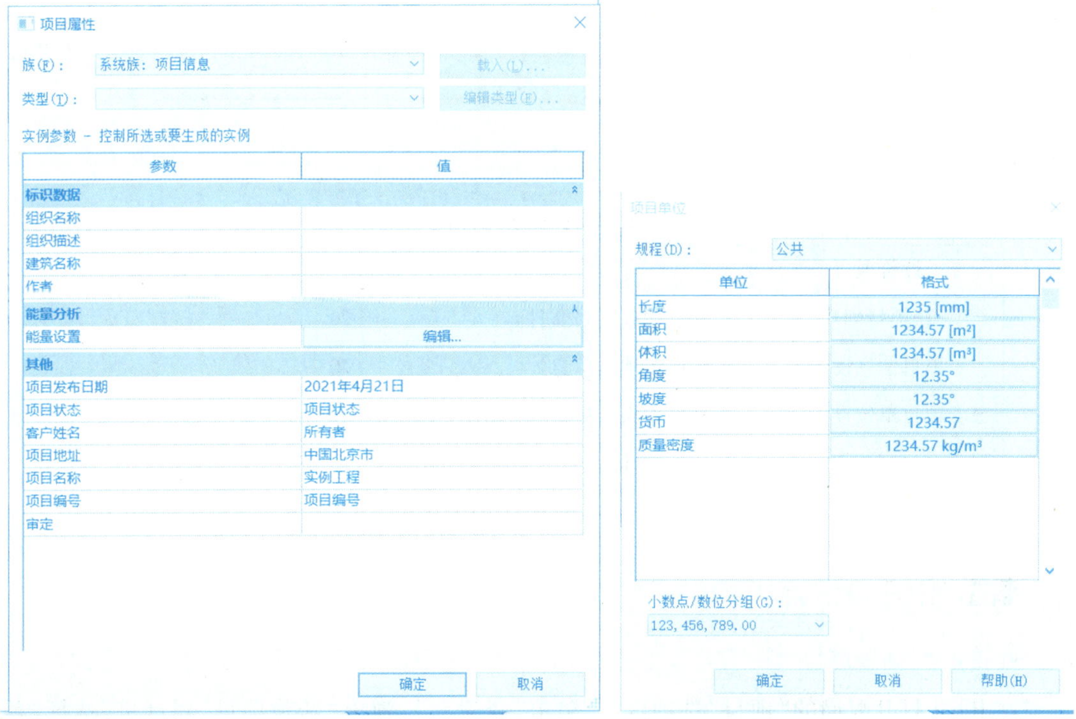

图 1-2-1

🖥 工作准备

（1）熟悉 Revit 软件界面及基本操作；
（2）阅读任务书，熟悉建模规则。

🧮 工作任务实施

工作任务 1：使用"建筑样板"，创建新项目文件。

_____

_____

_____

工作任务 2：按要求修改项目信息。
（1）项目发布日期：2021 年 4 月 21 日；
（2）项目名称：实例工程；
（3）项目地址：中国北京市。

_____

_____

_____

工作任务 3：设置项目单位。

_____

_____

_____

👍 评价反馈

工作任务评价与分析

评价项目	评价标准	参考分值	得分
新项目创建	正确创建新项目文件	20	
项目信息设置	正确设置项目信息	40	
项目单位设置	正确设置项目单位	40	
总评			

👨‍🏫 相关知识点

知识点 1：创建项目

在 Revit 打开界面的"项目"选项区域，单击"新建…"，弹出"新建项目"对话框，选择"建筑样板"，单击"确定"按钮，创建一个新项目，如图 1-2-2 所示。

图 1-2-2

知识点 2：添加项目信息

给项目添加项目信息，需要处在一个项目环境下才可以对其进行设置。单击"管理"选项卡→"设置"面板→"项目信息"，弹出"项目属性"对话框，如图 1-2-3 所示。

"项目属性"对话框中的"其他"分组，包含项目发布日期、项目状态、客户姓名、项目地址、项目名称、项目编号和审定，根据图 1-2-3 所示进行设置后，单击"确定"按钮，完成编辑模式。

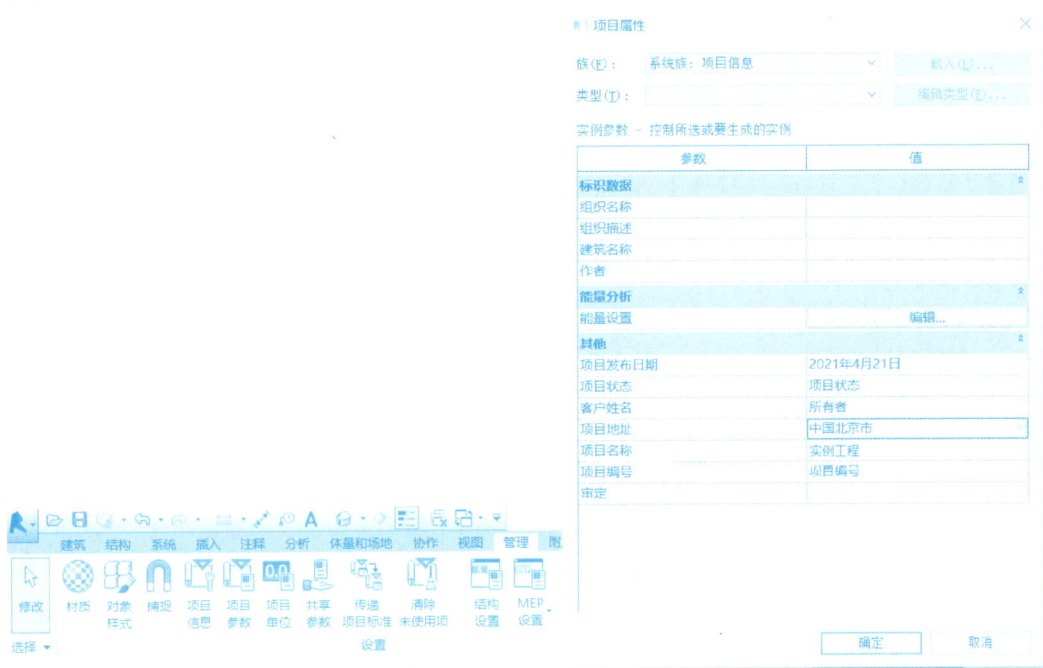

图 1-2-3

知识点 3：设置项目单位

单击"管理"选项卡→"设置"面板→"项目单位"，弹出"项目单位"对话框（图 1-2-4），可以设置相应规程下每一个单位所对应的格式。例如，单击"长度"后的单元格，弹出"格式"对话框后，设置单位为"毫米"，舍入为"0 个小数位"，如图 1-2-5 所示。设置完成后，单击"确定"按钮退出对话框。

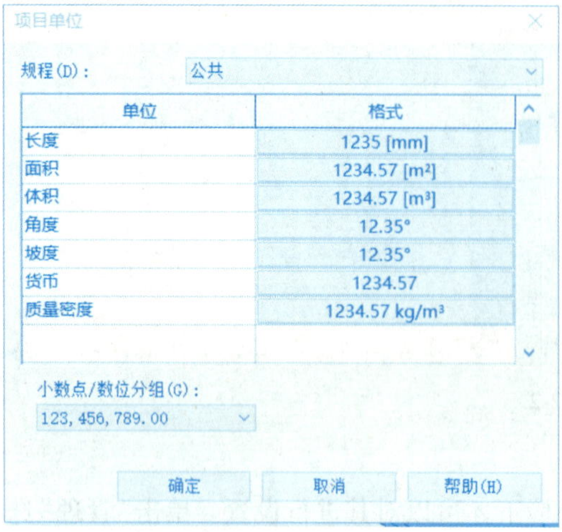

项目单位	✕
规程(D)：	公共

单位	格式
长度	1235 [mm]
面积	1234.57 [m²]
体积	1234.57 [m³]
角度	12.35°
坡度	12.35°
货币	1234.57
质量密度	1234.57 kg/m³

小数点/数位分组(G)：
123,456,789.00

确定   取消   帮助(H)

图 1-2-4

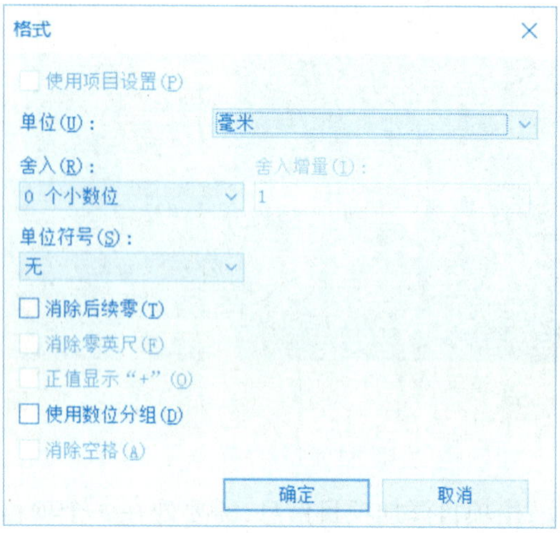

格式 ✕

☐ 使用项目设置(P)

单位(U)：   毫米

舍入(R)：   舍入增量(I)：
0 个小数位   1

单位符号(S)：
无

☐ 消除后续零(T)
☐ 消除零英尺(F)
☐ 正值显示"+"(O)
☐ 使用数位分组(D)
☐ 消除空格(A)

确定   取消

图 1-2-5

典型工作环节 3　绘制标高与轴网

✕ 典型工作描述

标高作为建筑绘图不可或缺的一部分,在项目中起着至关重要的作用。使用"标高"工具,可定义垂直高度或建筑内的楼层标高,为每个已知楼层或其他必要的建筑参照创建标高。一般先创建标高,再绘制轴网。轴网用于构件定位,在 Revit 中,轴网确定了一个不可见的工作平面。本工作环节需要掌握标高的创建与编辑、标高与平面视图的关系以及平面视图的生成;轴网的创建与编辑以及影响范围的灵活使用;完成实例工程标高与轴网的创建与编辑。

📖 学习目标

(1)掌握标高的创建与编辑方法;
(2)掌握轴网的创建与编辑方法。

📖 任务书

识读实例工程图纸,按图 1-3-1 给定尺寸绘制实例工程的标高及轴网。

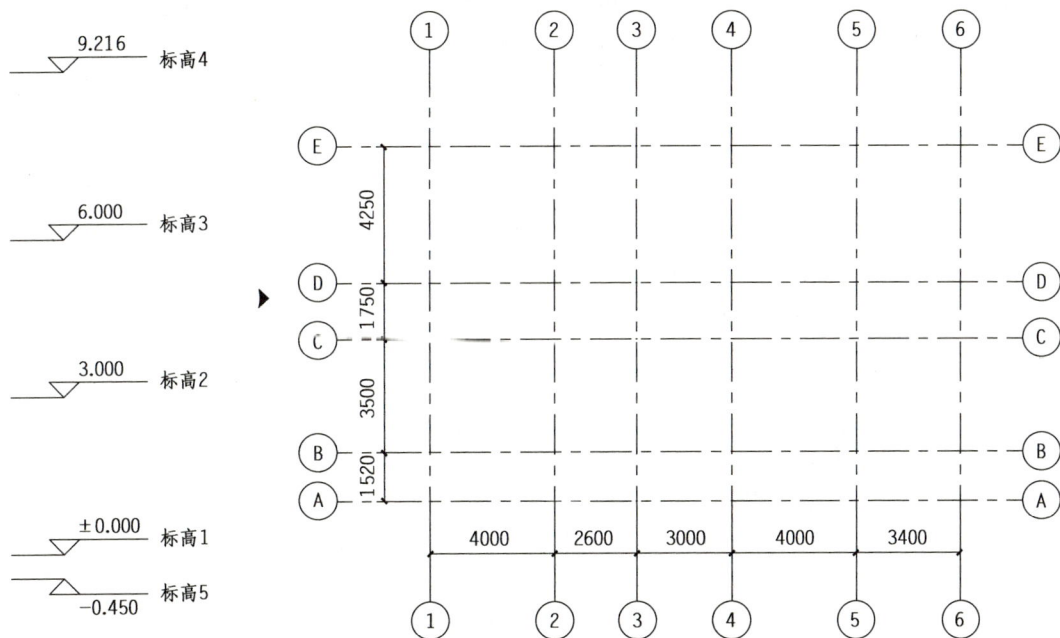

图 1-3-1

工作准备

（1）熟悉 Revit 软件界面及基本操作；

（2）阅读任务书，收集《房屋建筑制图统一标准》（GB/T 50001—2017）、《建筑制图标准》（GB/T 50104—2010）中有关标高与轴网的知识。

工作任务实施

工作任务 1：了解标高分类。

_____

_____

工作任务 2：绘制任务书中标高。

_____

_____

工作任务 3：绘制任务书中轴网。

_____

_____

工作任务 4：根据图 1-3-2 给定标高和轴网创建项目样板，无须创建尺寸标注，标头和轴头显示方式以下图为准，请将模型以"标高轴网"为文件名保存。（BIM 等级考试第八期第一题）

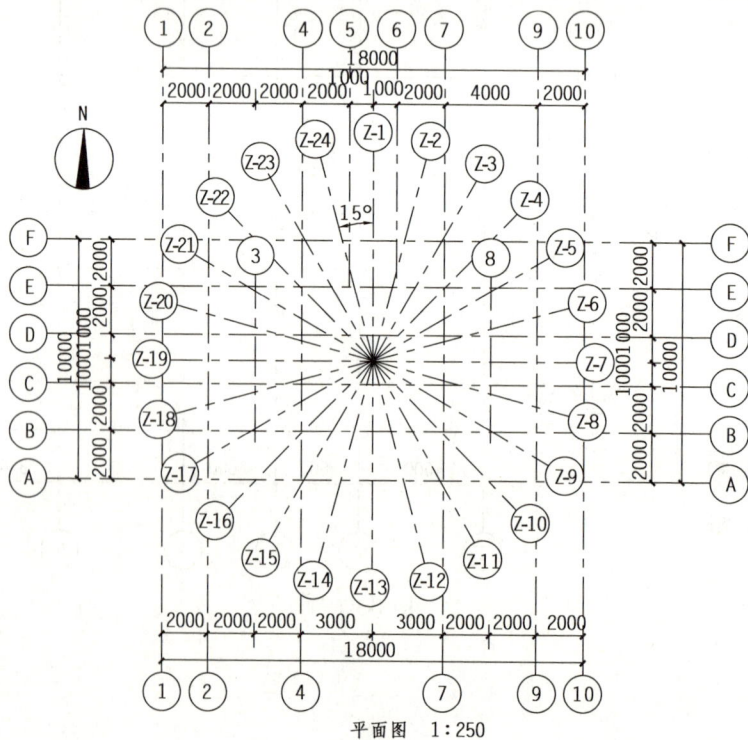

平面图　1:250

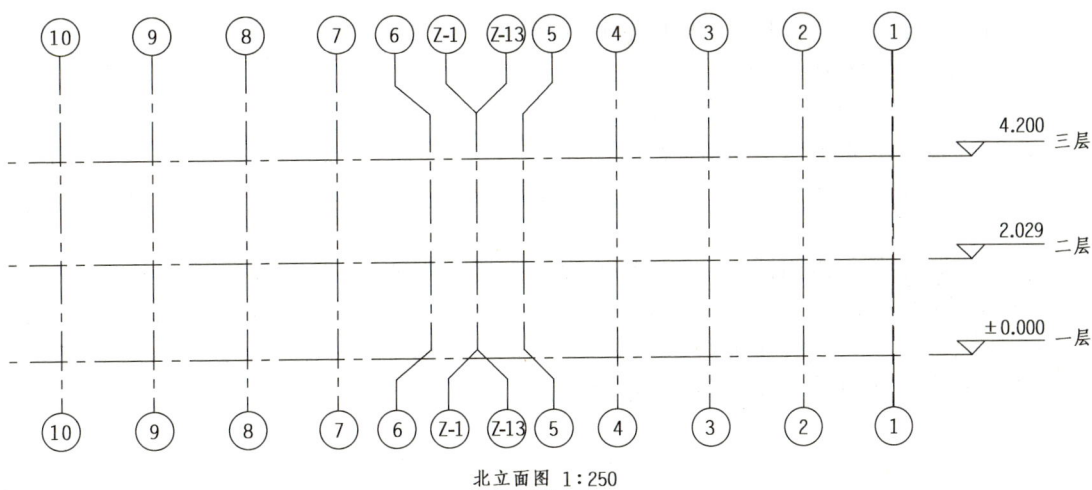

北立面图 1:250

图 1-3-2

👍 评价反馈

工作任务评价与分析

评价项目	评价标准	参考分值	得分
标高创建与编辑	标高创建正确 标高编辑修改正确	50	
轴网创建与编辑	轴网创建正确 轴网编辑修改正确	50	
总评			

相关知识点

知识点 1:标高分类

标高按基准面选取的不同,分为绝对标高和相对标高。

绝对标高:是以一个国家或地区统一规定的基准面作为零点的标高,我国规定以青岛附近黄海夏季的平均海平面作为标高的零点,所计算的标高称为绝对标高。

相对标高:一般以建筑室内地坪作为标高的起点,所计算的标高称为相对标高。在相对标高中,按选取的完成面不同分为建筑标高和结构标高。

建筑标高:在相对标高中,包括装饰层厚度的标高称为建筑标高。

结构标高:在相对标高中,不包括装饰层厚度的标高称为结构标高,标注在结构完成面上,分为结构底标高和结构顶标高。

知识点 2:标高信息

如图 1-3-3 所示,标高信息包括:

标高端点:又称端点拖拽点,拖拽该圆圈可以对标高线的长度进行修改。

标高值:对应的高度值,单位为 m。

标高名称:具体可为标高 1、标高 2 或 F1、F2 等。

添加弯头:单击此符号可以对标高线端头位置进行移动。

对齐锁定:锁定对齐约束线,可以将各条标高一起锁定,打开此锁可以取消与其他标高间的锁定关系。

对齐约束线:用于绘制标高时与已经绘制的标高端点起点一致,在对齐锁定时按住标高端点空心圆圈不松,左右滑动鼠标,可以看到对齐约束线上的所有标高都随之拖动;若只想拖动某一条标高线的长度,解锁对齐约束,然后再进行拖动即可。

隐藏符号:勾选框若不勾选,则隐藏该端点符号。

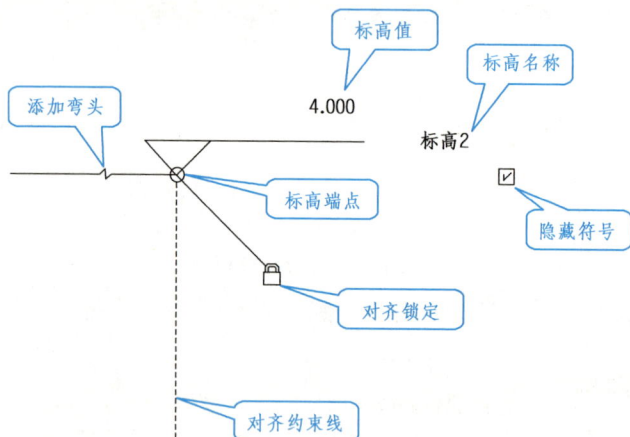

图 1-3-3

知识点 3:标高的创建与编辑

(1)创建标高

"标高"工具必须在立面和剖面视图中才能使用,因此在正式开始项目设计前,必须先打开一个立面视图,使用"建筑样板"新建项目,在立面视图中已有标高 1、标高 2,以"m"为单位,如图 1-3-4 所示。

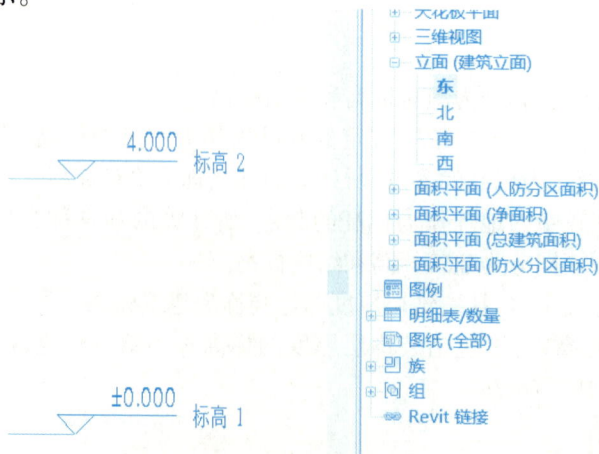

图 1-3-4

单击"建筑"选项卡→"基准"面板→"标高"，如图 1-3-5 所示，进入标高绘制状态，默认的绘制工具是"直线"。在属性浏览器中单击"类型选择器"，选择对应的标头，即"正负零标高""上标头""下标头"，如图 1-3-6 所示。

图 1-3-5

当标高处于编辑状态时，单击属性浏览器中的"编辑类型"按钮，打开"类型属性"对话框，修改标高的类型属性，如图 1-3-7 所示。在"限制条件"分组中，"基面"用来设置标高的起始计算位置为测量点或项目基点。"图形"分组中的参数用来设置标高的显示样式。符号参数是指标高标头应用何种标记样式。端点 1 和端点 2 用于设置标高两端标头信息的显隐。

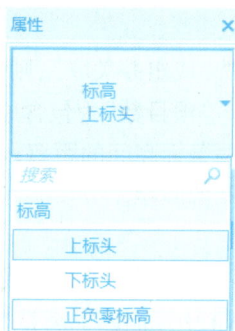

完成类型属性修改后，单击"确定"按钮，退出"类型属性"对话框。在标高绘制状态，光标旁会出现临时尺寸标注，以显示与其距离最近标高线的距离。绘制起始和结束时，当光标靠近已有标高两端，还会出现标头的标高与其参照的标高线保持两端对齐的约束。

图 1-3-6

绘制标高时，选项栏中勾选 ☑ 创建平面视图，绘制完标高后将自动在项目浏览器中生成相应楼层平面视图，否则创建的为参照标高。

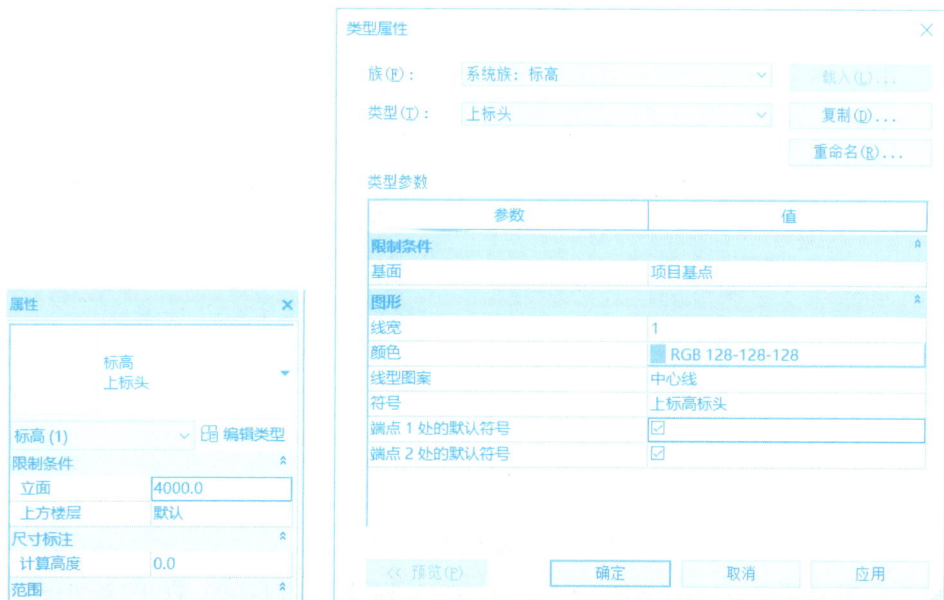

图 1-3-7

（2）复制、阵列标高

选择一条标高,在激活的"修改|标高"上下文选项卡下,选择"修改"面板中的"复制" 或"阵列" ▱▱ 工具,可快速添加标高。

复制标高:选择"复制"工具后,在选项卡中会出现  修改|标高 □约束 分开□多个 。勾选"约束",可垂直或水平复制标高;勾选"多个",可连续多次复制标高。都勾选后,单击选定的标高上某一点作为起点,拖动鼠标,直接输入临时尺寸的值,单位为 mm,输入后回车,完成一个标高的复制,继续向上拖动鼠标,输入数值,可以继续绘制标高。

阵列标高:适用于一次绘制多个等距的标高,选择"阵列"工具后,在选项卡中会出现 修改|标高 ▥▥ ⊡ ☑成组并关联 项目数:2 移动到:◉第二个 ○最后一个 ☑约束 激活尺寸标注 。勾选"成组并关联",则阵列的标高为一个模型组。如果要编辑标高名称,需要解组后才可编辑。"项目数"为包含原有标高在内的数量。选择移动到"第二个",则输入的标高间距值为每两条标高间的距离;若选择"最后一个",则输入的标高间距值为原有标高与最后一条标高之间的间距。

（3）添加楼层平面

完成标高的复制或阵列后,在项目浏览器中会发现均没有相应的楼层平面,这是因为在 Revit 中复制的标高是参照标高,所以新复制的标高标头都是黑色显示,在项目浏览器中的"楼层平面"项下也没有创建新的平面视图,如图 1-3-8 所示。

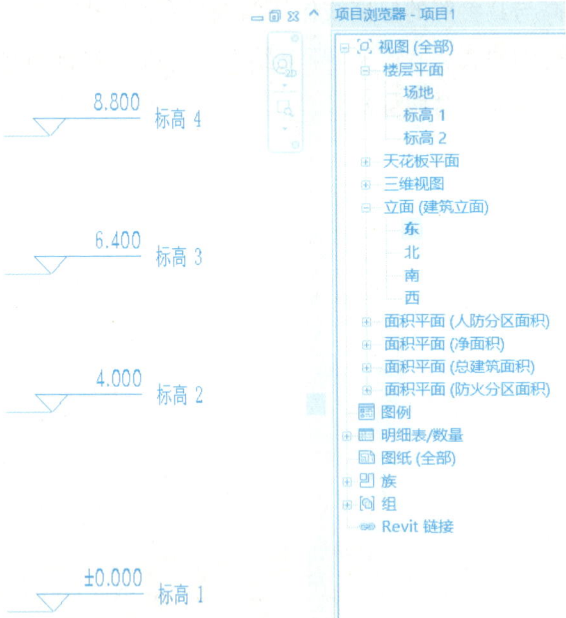

图 1-3-8

单击"视图"选项卡→"平面视图"下拉菜单→"楼层平面"（图 1-3-9）,打开"新建楼层平面"对话框,如图 1-3-10 所示。从列表中选择要建的楼层平面,单击"确定"按钮,便在项目浏览器中创建了新的楼层平面,并自动打开平面视图。此时,会发现立面视图中的标高变成蓝色显示。

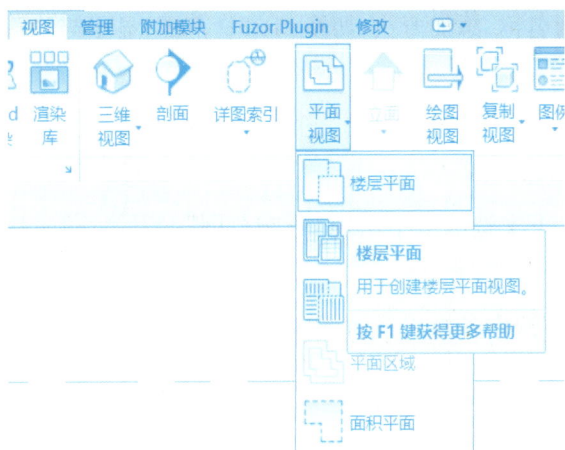

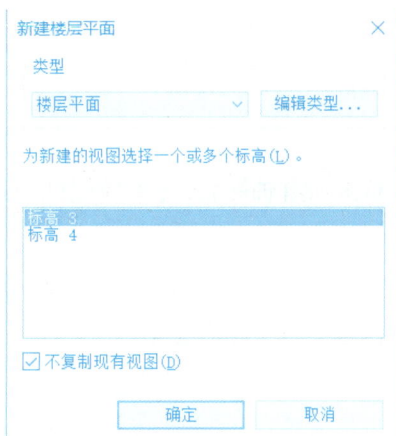

图 1-3-9　　　　　　　　　　　　　　　　图 1-3-10

知识点 4：轴网的创建与编辑

轴网需要在平面视图中创建，且只需要在任意一个平面视图中创建一次，在其他平面、立面和剖面视图中都将自动显示。

在项目浏览器中双击打开任意一个平面视图，单击"建筑"选项卡→"基准"面板→"轴网"，选择"绘制"面板中的"直线"工具。默认轴网类型为"轴网 6.5 mm 编号间隙"的样式，如图 1-3-11 所示，这种轴网样式并不符合我国的绘图习惯，故需调整轴网的类型属性，修改轴网的颜色、线型等参数。如图 1-3-12 所示，将轴网类型修改为"轴网 6.5 mm 编号"，在视图范围内单击一点后，垂直向右移动光标到合适距离再次单击，绘制第一条轴线。

图 1-3-11

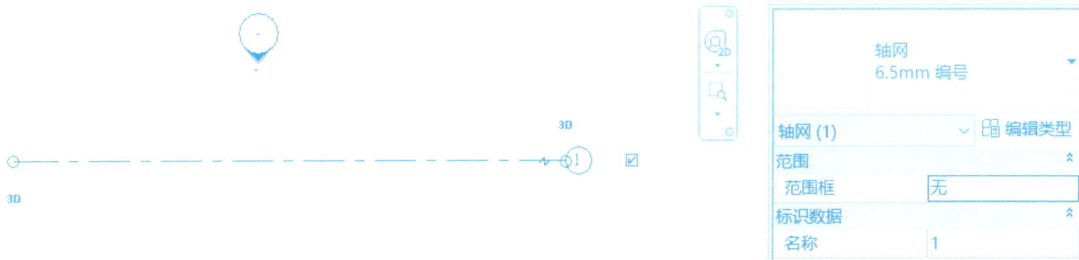

图 1-3-12

轴网的编辑与标高相似,也可修改轴网名称,添加弯头,切换 2D/3D 范围,显示与隐藏轴网的轴头、符号等。

知识点 5:影响范围

框选所有轴网后,会在"修改|轴网"上下文选项卡中出现"影响范围",单击后出现如图 1-3-13 所示"影响基准范围"对话框,选中各楼层平面,单击"确定"按钮后,其他楼层的轴网也会发生相应变化。

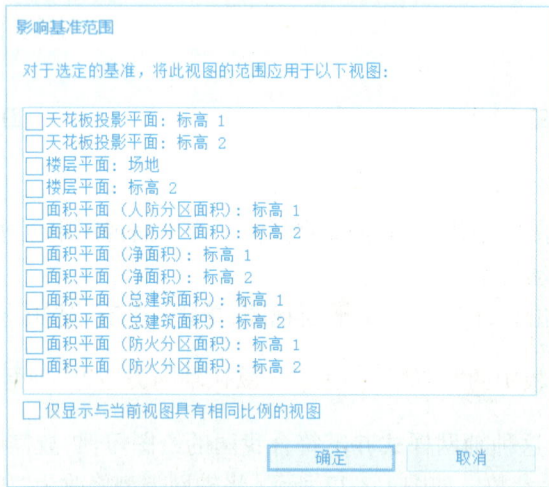

图 1-3-13

轴网可分为 2D 和 3D 状态,单击 2D 或 3D 可直接替换状态,如图 1-3-14 所示。3D 状态下,轴网端点显示为空心圆;2D 状态下,轴网端点为实心点。2D 与 3D 的区别在于:2D 状态下所做的修改仅影响本视图;3D 状态下所做的修改将影响所有平行视图。

图 1-3-14

典型工作环节 4　绘制墙体

典型工作描述

墙体是建筑的重要组成部分,不仅可以划分建筑空间,也是许多建筑构件的承载主体,如门窗、灯具、装饰线条、室内挂件等。在实际工程中,墙体根据材质、功能等分为多种类型,如隔墙、防火墙、叠层墙、复合墙、幕墙等,在使用 Revit 绘制墙体时,需要综合考虑墙体的高度、厚度、构造做法,图纸粗略、精细程度的显示,内外墙体区别等。本工作环节需要了解墙体系统族、族类型,熟悉基本墙、复合墙和幕墙创建的一般步骤,掌握基本墙、复合墙和幕墙的创建方法,完成实例工程墙体的创建。

学习目标

(1)了解墙体的分类(基本墙、复合墙和幕墙);
(2)掌握基本墙、复合墙和幕墙的定义及绘制方法。

任务书

(1)识读实例工程图纸,按要求绘制一层和二层基本墙;
(2)按要求绘制复合墙和幕墙。

工作准备

(1)识读实例工程图纸,了解项目所包含的墙体种类;
(2)了解墙体的绘制规则。

工作任务实施

工作任务 1:了解 Revit 中的墙体分类。

_____

_____

_____

工作任务 2:按图 1-4-1 所示绘制一层及二层外墙和内墙(外墙:240 mm 厚,10 mm 厚灰色涂料、220 mm 厚混凝土砌块、10 mm 厚白色涂料;内墙:120 mm 厚,10 mm 厚白色涂料、100 mm 厚混凝土砌块、10 mm 厚白色涂料)。

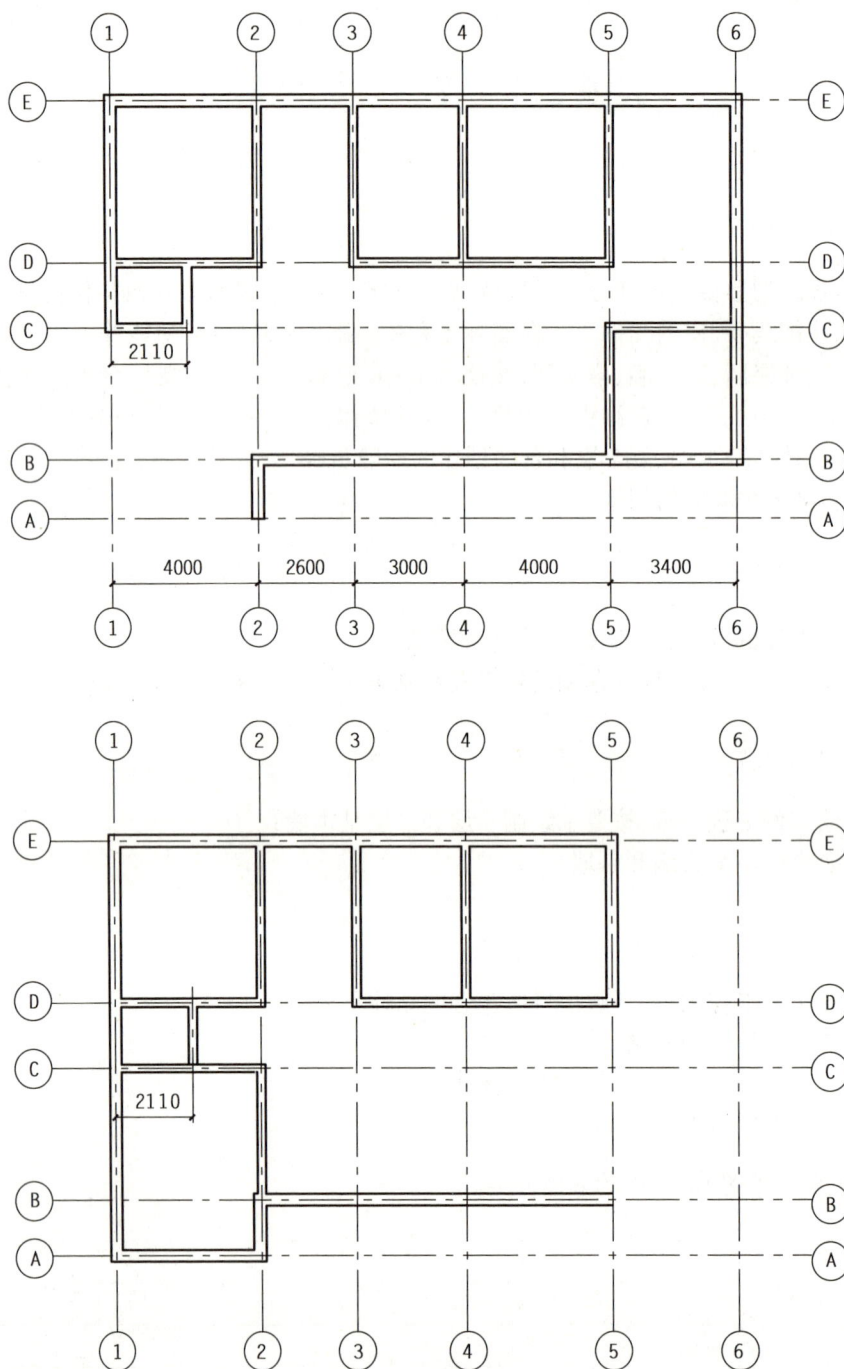

图 1-4-1

工作任务3：新建项目文件，创建如图 1-4-2 所示墙体类型，以标高 1 到标高 2 为墙高，创建半径为 5 000 mm（以墙核心层内侧为基准）的圆形墙体，并将其命名为"等级考试-外墙"。（BIM 等级考试第三期第二题）

创建复合墙

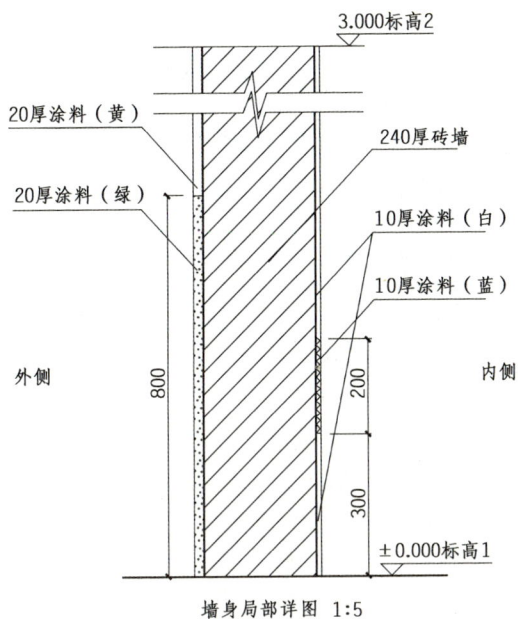

墙身局部详图 1:5

图 1-4-2

工作任务 4:根据图 1-4-3 给定的北立面图和东立面图,创建玻璃幕墙及其水平竖梃模型。(BIM 等级考试第一期第三题)

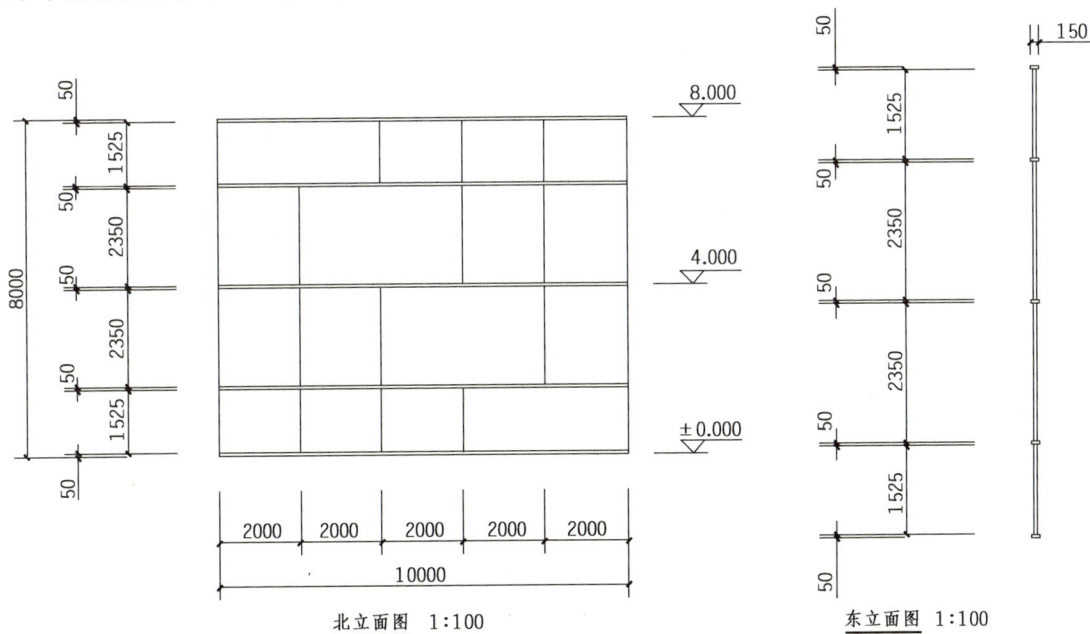

创建幕墙

北立面图 1:100

东立面图 1:100

图 1-4-3

👍 评价反馈

工作任务评价与分析

评价项目	评价标准	参考分值	得分
基本墙	墙体属性编辑正确 墙体命名正确 墙体平、立面位置正确	40	
复合墙	墙体属性编辑正确 墙体命名正确 墙体平、立面位置正确	30	
幕墙	墙体属性编辑正确 墙体命名正确 墙体平、立面位置正确 幕墙网格分割正确 幕墙竖梃、嵌板选择正确	30	
总评			

相关知识点

知识点 1：墙体分类

在 Revit 中，墙体模型可以通过功能区中的"墙"工具创建。Revit 提供了建筑墙、结构墙和面墙 3 种不同的墙体创建方式，如图 1-4-4 所示。

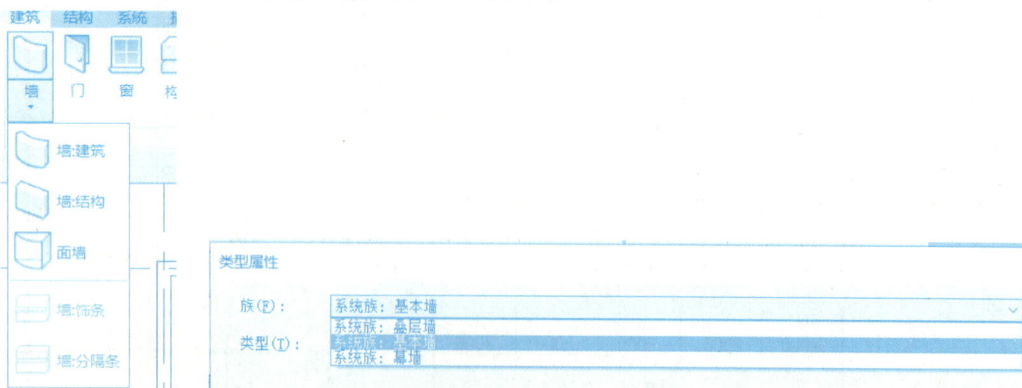

图 1-4-4

（1）建筑墙

建筑墙主要用于绘制建筑模型中的墙。

建筑墙体分为基本墙、叠层墙及幕墙。

①基本墙:基本墙的建模需要在"属性"中定义好墙体的高度位置,在"类型属性"对话框中定义好墙体的类型,包括墙厚、做法、材质和功能等,然后在对应视图上绘制和修改墙体。

②叠层墙:在"系统族:叠层墙"的基础上进行编辑,这些墙包含一面接一面叠放在一起的两面或多面子墙,子墙在不同的高度可以具有不同的墙厚度。可以认为叠层墙是由两种或两种以上不同类型的普通墙,在高度方向上叠加而成的墙体类型,如图1-4-5所示。

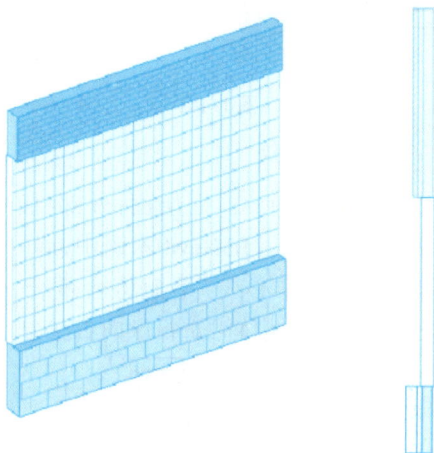

图1-4-5

③幕墙:在"系统族:幕墙"的基础上进行编辑。Revit提供3种默认幕墙,分别是幕墙、外墙玻璃、店面,如图1-4-6所示。

(2)结构墙

结构墙的绘制方法与建筑墙完全相同,但使用结构墙体工具创建的墙体,可以在结构专业中为墙图元指定结构受力计算模型,并为墙体配置钢筋,因此该工具可以用于创建剪力墙等墙图元。

(3)面墙

面墙是在体量或者常规模型表面生成墙体图元。

图1-4-6

知识点2:墙体结构

实际工程中,墙体在不同环境中的做法各不相同,如在我国南方地区墙体一般不需要添加保温层,而在北方建筑中墙体则需要设置保温层。在Revit中,可以灵活创建不同功能层类型的墙体,以适应实际项目的需求。

如图1-4-7所示,Revit提供了6种墙体功能:"结构[1]""衬底[2]""保温层/空气层[3]""面层1[4]""面层2[5]""涂膜层"(通常用于防水涂层,厚度为0),这些功能将定义墙结构中每一层在墙体中所起的作用。功能名称后缀的数字表示墙与墙之间连接时,墙各层之间的优先级别,数字越小,优先级别越大。

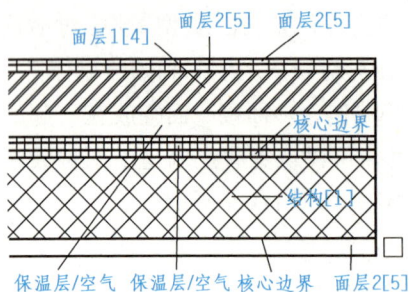

图 1-4-7

知识点 3：墙的定位线

墙的定位线分为墙中心线、核心层中心线、面层面：外部、面层面：内部、核心面：外部、核心面：内部 6 种定位方式，如图 1-4-8 所示。在 Revit 术语中，墙的核心层是指其主结构层。在简单的砖墙中，"墙中心线"与"核心层中心线"平面将会重合，但在复合墙中可能会不同。Revit 中的墙体有内墙、外墙之分，在绘制墙体时选择顺时针绘制，保证外墙外侧朝外。

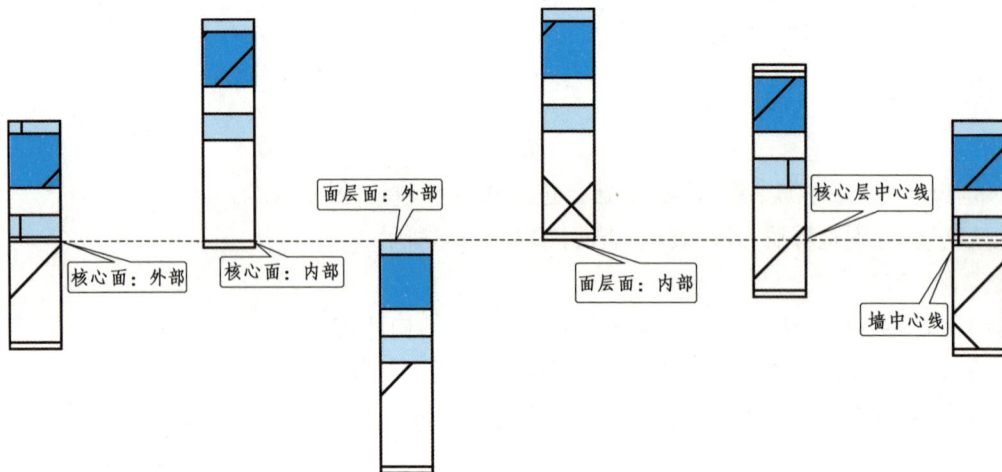

图 1-4-8

知识点 4：基本墙的定义与绘制

单击选择"墙：建筑"后，出现 修改 | 放置 墙 上下文选项卡，面板中出现墙体的绘制方式，如图 1-4-9 所示。可选择直线、矩形、多边形、圆形、弧形等方式，如果有导入的二维 .dwg 平面图作为底图，可以选择"拾取线/边"工具，拾取平面图的墙线，自动生成墙体。

完成绘制方式的选择后，需设置有关墙体的参数属性。

图 1-4-9

（1）选项栏参数设置（图 1-4-10）

修改|放置 墙　高度：∨　未连接∨　3000.0　　　定位线：墙中心线　　∨　☑链　偏移量：0.0　　□半径：1000.0

图 1-4-10

"高度"/"深度"表示从当前视图向上/向下延伸墙体；

"未连接"选项中还包含各个标高楼层；

"定位线"参照知识点 3 选取；

"链"表示可以连续绘制墙体；

"偏移量"表示绘制墙体时，墙体距离捕捉点的距离；

"半径"表示两面直墙的端点相连接处不是折线，而是根据设定的半径值自动生成圆弧墙。

（2）实例参数设置

如图 1-4-11 所示，墙体的实例属性主要是设置墙体的定位线、高度、底部和顶部约束与偏移等。

底部限制条件/顶部约束：表示墙体上下的约束范围。

底部/顶部偏移：在约束范围的条件下，可上下调整墙体的高度。

无连接高度：表示墙体顶部在不选择"顶部约束"时的高度。

房间边界：计算房间的面积、周长和体积时，Revit 会使用房间边界。可以在平面和剖面视图中查看房间边界。墙则默认为房间边界。

结构：表示该墙是否为结构墙，勾选后则可用于后期受力分析。

基本墙	
外墙	
墙(1)	∨ 编辑类型
限制条件	
定位线	墙中心线
底部限制条件	标高 2
底部偏移	0.0
已附着底部	
底部延伸距离	0.0
顶部约束	未连接
无连接高度	8000.0
顶部偏移	0.0
已附着顶部	
顶部延伸距离	0.0
房间边界	☑
与体量相关	
结构	
结构	□
启用分析模型	
结构用途	非承重
尺寸标注	

图 1-4-11

（3）类型参数设置

单击属性浏览器中的"编辑类型"按钮，弹出"类型属性"对话框，如图 1-4-12 所示。

复制：可复制"系统族：基本墙"下不同类型的墙体；

重命名：可修改"类型（T）"中的墙名称；

结构：用于设置墙体的结构构造，单击"编辑…"按钮，弹出"编辑部件"对话框。内/外部边表示墙的内外两侧，可根据需要添加墙体的结构构造。

创建实例工程一层及二层外墙：

①进入标高 1 楼层平面视图；

②单击"建筑"选项卡→"构建"面板→"墙"下拉菜单→"墙：建筑"，系统切换到"修改|放置 墙"上下文选项卡；

③在属性浏览器中，选择列表中的"基本墙"族中的"常规-200 mm"类型，以此类型为基础创建新的墙类型，如图 1-4-13 所示。

④单击属性浏览器中的"编辑类型"按钮，弹出"类型属性"对话框。单击对话框中的"复制（D）…"按钮，在弹出的"名称"对话框中输入"外墙"，单击"确定"按钮创建一个新类型，如图 1-4-13 所示。

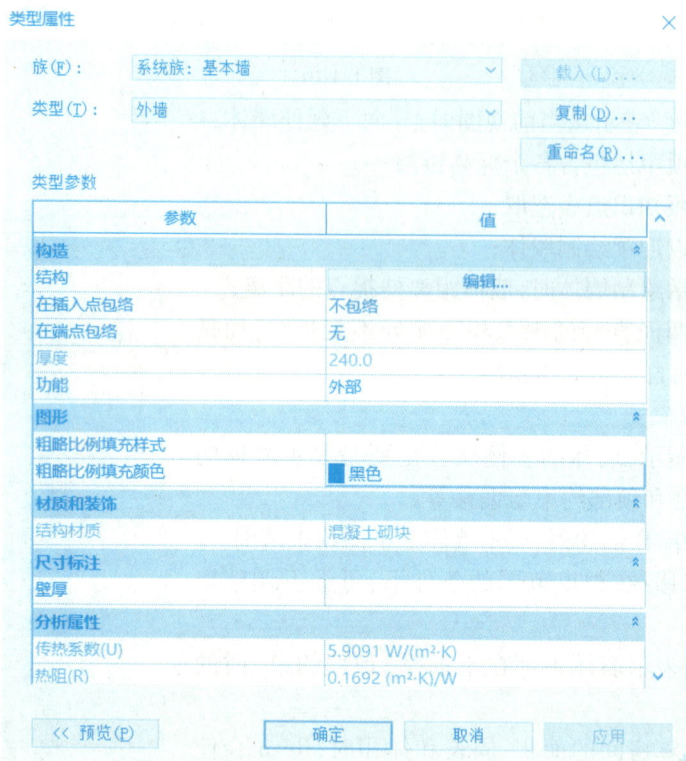

图 1-4-12

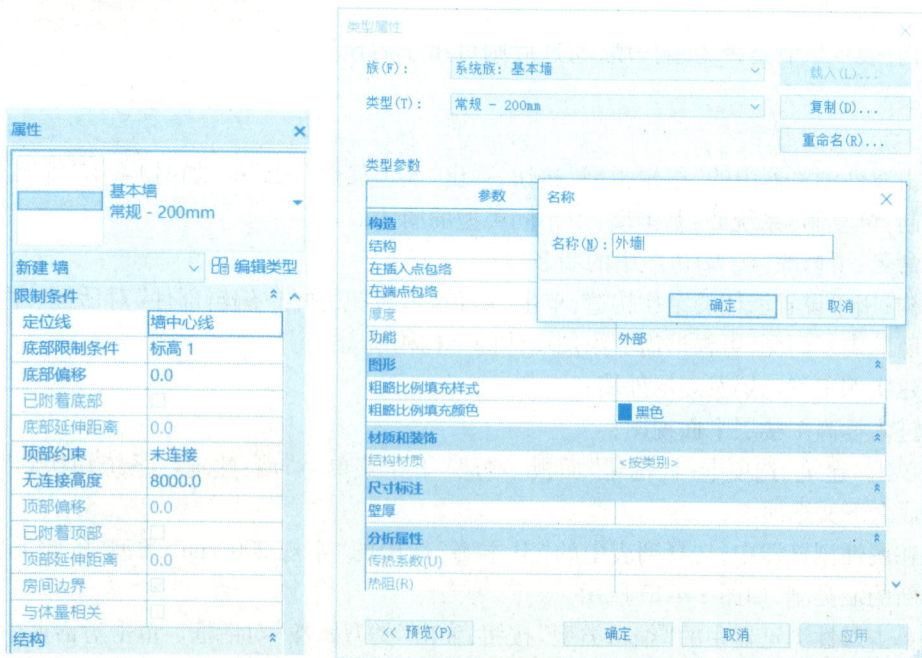

图 1-4-13

⑤确认"类型参数"列表中的"功能"为"外部",单击"结构"参数后的"编辑…"按钮,进入"编辑部件"对话框,如图 1-4-14 所示。

族(F):	系统族:基本墙		载入(L)…
类型(T):	外墙		复制(D)…
			重命名(R)…

类型参数

参数	值
构造	
结构	编辑…
在插入点包络	不包络
在端点包络	无
厚度	240.0
功能	外部
图形	
粗略比例填充样式	
粗略比例填充颜色	■黑色

图 1-4-14

⑥设置标高 1 外墙材质(外墙:240 mm 厚,10 mm 厚灰色涂料、220 mm 厚混凝土砌块、10 mm 厚白色涂料)。"编辑部件"对话框默认包括一个厚度为"200.0"的结构层。单击"插入 (I)"按钮一次,添加一个新层,新插入的层的默认功能为"结构[1]",厚度为"0.0",如图 1-4-15 所示。单击"向上(U)"按钮,向上移动该层直到该层编号为 1,修改该层的"厚度"为 "10.0",单击修改该行"功能",在下拉列表中选择"面层 1[4]",如图 1-4-16 所示。

编辑部件					×
族:	基本墙				
类型:	外墙				
厚度总计:	200.0		样本高度(S):	6096.0	
阻力(R):	0.0000 (m²·K)/W				
热质量:	0.00 kJ/K				

层　　　　　　　　　　　　外部边

	功能	材质	厚度	包络	结构材质
1	结构 [1]	<按类别>	0.0	☑	
2	核心边界	包络上层	0.0		
3	结构 [1]	<按类别>	200.0		☑
4	核心边界	包络下层	0.0		

内部边

插入(I)	删除(D)	向上(U)	向下(O)

默认包络

插入点(N):	结束点(E):
不包络	不包络

修改垂直结构(仅限于剖面预览中)

修改(M)	合并区域(G)	墙饰条(W)
指定层(A)	拆分区域(L)	分隔条(R)

| << 预览(P) | | 确定 | 取消 | 帮助(H) |

图 1-4-15

编辑部件 ×

族：	基本墙
类型：	外墙
厚度总计：	210.0		样本高度(S)：	6096.0
阻力(R)：	0.0000 (m²·K)/W
热质量：	0.00 kJ/K

层

外部边

	功能	材质	厚度	包络	结构材质
1	面层 1 [4]	<按类别>	10.0	☑	
2	**核心边界**	**包络上层**	**0.0**		
3	结构 [1]	<按类别>	200.0		☑
4	**核心边界**	**包络下层**	**0.0**		

内部边

插入(I)	删除(D)	向上(U)	向下(O)

默认包络

插入点(N)：
不包络

结束点(E)：
无

修改垂直结构(仅限于剖面预览中)

修改(M)	合并区域(G)	墙饰条(W)
指定层(A)	拆分区域(L)	分隔条(R)

| << 预览(P) | 确定 | 取消 | 帮助(H) |

图 1-4-16

⑦单击"面层 1〔4〕"右侧"材质"单元格,出现浏览按钮
<按类别> [....] ,单击[....],进入材质浏览器,在搜索栏输入"涂料",在搜索结果中选择"涂料-黄色",单击鼠标右键选择"复制",得到新涂料类型"涂料-黄色(1)",名称呈蓝色高亮显示,将其重命名为"灰色涂料",如图 1-4-17 所示。单击"灰色涂料"材质→"图形"→"着色"中的"颜色"色块,在弹出的"颜色"对话框中选择"灰色",单击"确定"按钮,回到材质浏览器,如图 1-4-18 所示。单击"确定"按钮,返回"编辑部件"对话框,完成外墙面层涂料的材质编辑。

材质浏览器 - 灰色涂料

涂料 ✕

项目材质: 所有 ▾

"涂料"的搜索结果

名称 ▲
防潮
灰色涂料
沥青
涂料 - 黄色

图 1-4-17

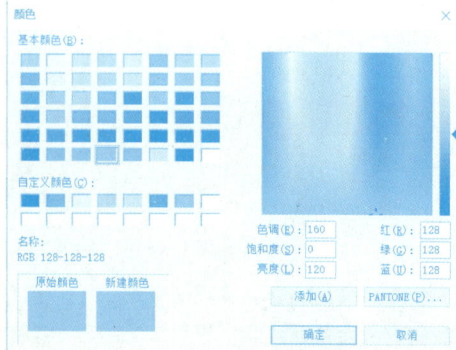

图 1-4-18

⑧如图1-4-19所示,单击"结构[1]"右侧"材质"单元格,出现浏览按钮 `<按类别>` ,单击，进入材质浏览器,在搜索栏输入"砌块",结果显示"在该文档中找不到搜索术语",如图1-4-20所示。单击"项目材质:所有"后面的，打开Revit自带材质库,找到"混凝土砌块",单击其后的向上箭头,将材质添加到材质浏览器中,如图1-4-21所示。单击"确定"按钮,返回"编辑部件"对话框,将结构层厚度改为"220.0",完成结构层材质的编辑。

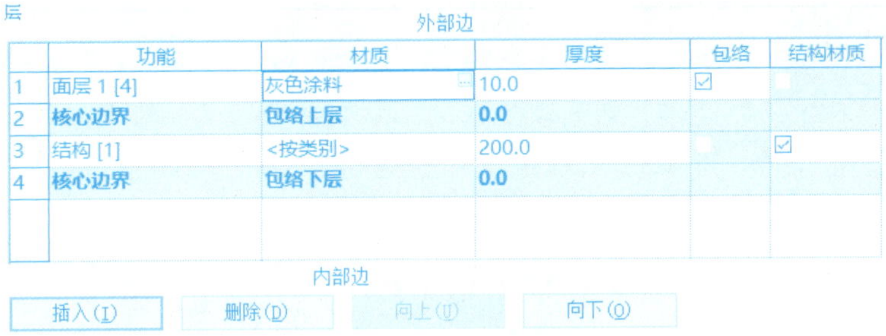

外部边

	功能	材质	厚度	包络	结构材质
1	面层 1 [4]	灰色涂料	10.0	☑	
2	核心边界	包络上层	0.0		
3	结构 [1]	<按类别>	200.0		☑
4	核心边界	包络下层	0.0		

内部边

插入(I) 删除(D) 向上(U) 向下(O)

图 1-4-19

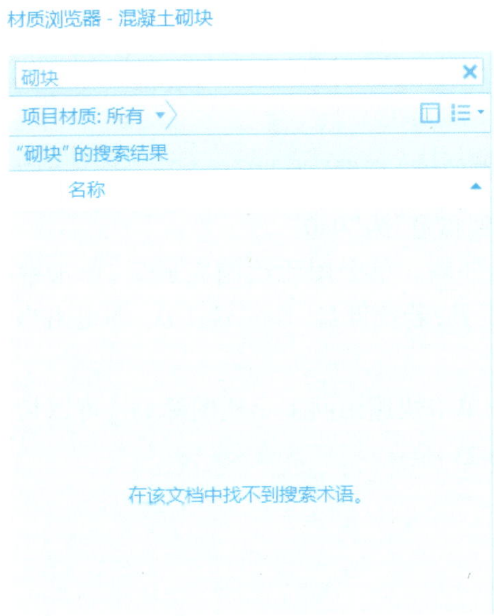

图 1-4-20

图 1-4-21

⑨再次单击"插入(I)"按钮,添加一层新的构造层,单击"向下(O)"按钮,使该层的编号为5,修改"厚度"为"10.0","白色涂料"材质编辑方法参考步骤⑦。

⑩单击"编辑部件"对话框中的"预览>>(P)"按钮,在左侧预览窗口,确认视图为楼层平面视图,对照确认各构造层的截面显示图例,如图1-4-22所示。

⑪单击"编辑部件"对话框中的"确定"按钮,返回"类型属性"对话框,再单击"确定"按钮,退出"类型属性"对话框,完成墙的属性定义,返回墙绘制状态,此时属性浏览器当前墙类型自动切换为外墙。

⑫确认当前视图为标高1楼层平面视图,确认界面处于"修改|放置 墙"状态,设置"绘

图 1-4-22

制"面板中的绘制方式为"直线" ⟋ 。设置选项栏中的墙"高度"为"标高 2",设置墙"定位线"为"墙中心线",勾选"链",将连续绘制墙,设置"偏移量"为"0.0"。

⑬将光标移至绘图区域,按附录图纸绘制一层外墙。单个图元绘制完成后,单击键盘"Esc"键 1 次,退出当前操作步骤,但仍停留在当前工具;若按键盘"Esc"键 2 次,即退出当前工具。

⑭单击项目浏览器中"三维视图"→"三维"或者单击快速访问工具栏图标 ⌂ ,可以切换至三维模型,可看到标高 1 外墙的 3D 效果,如图 1-4-23 所示。

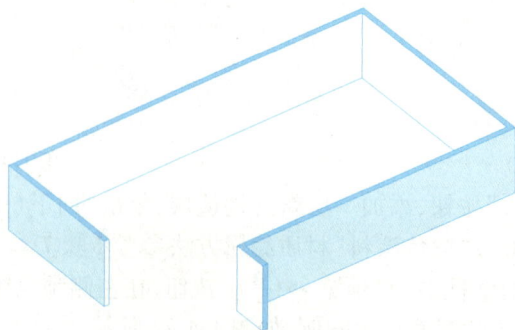

图 1-4-23

⑮参考标高 1 外墙的定义及绘制方法,完成标高 1 内墙、标高 2 外墙、标高 2 内墙的定义与绘制。内墙结构如图 1-4-24 至图 1-4-26 所示。

编辑部件 ✕

族:	基本墙
类型:	内墙
厚度总计:	120.0
阻力(R):	0.0769 (m²·K)/W
热质量:	14.05 kJ/K

样本高度(S): 6096.0

层

外部边

	功能	材质	厚度	包络	结构材质
1	面层 1 [4]	白色涂料	10.0	☑	
2	**核心边界**	**包络上层**	**0.0**		
3	结构 [1]	混凝土砌块	100.0		☑
4	**核心边界**	**包络下层**	**0.0**		
5	面层 2 [5]	白色涂料	10.0	☑	

内部边

[插入(I)] [删除(D)] [向上(U)] [向下(O)]

默认包络

插入点(N):　　　　　　　　　结束点(E):
不包络　　　　　　　　　　　　无

修改垂直结构(仅限于剖面预览中)

[修改(M)] [合并区域(G)] [墙饰条(W)]
[指定层(A)] [拆分区域(L)] [分隔条(R)]

[<< 预览(P)] [确定] [取消] [帮助(H)]

图 1-4-24

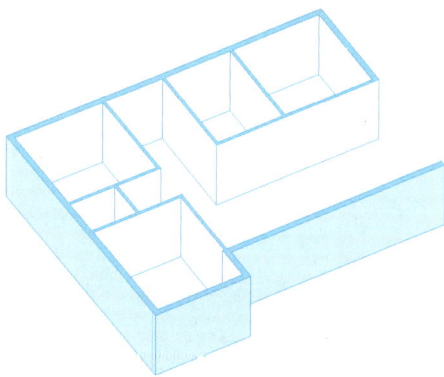

图 1-4-25　　　　　　　　　　　　　图 1-4-26

知识点 5:复合墙的定义与绘制

新建项目文件,创建如图 1-4-2 所示墙体类型,以标高 1 到标高 2 为墙高,创建半径为 5 000 mm(以墙核心层内侧为基准)的圆形墙体。

①利用"建筑样板"新建项目,将标高 2 高程值改为 3.000 m。

②切换至标高 1 视图,选择"墙:建筑",复制基本墙"常规-200 mm",命名为"等级考试-外墙"。

③进入"编辑部件"对话框,修改"结构[1]"厚度为"240.0";单击"结构[1]"右侧"材质"单元格的□按钮,进入材质浏览器,按图 1-4-27 所示修改材质为"砖,普通,红色",在"图

形"选项卡下选择"截面填充图案"→"填充样式"→"砌体-砖",单击"确定"按钮完成对核心层截面图例的设置;利用插入、向上、向下按钮添加第 1 层和第 5 层,修改其功能为"面层 2 [5]",设置第 1 层"厚度"为"20.0",第 5 层"厚度"为"10.0",如图 1-4-28 所示。

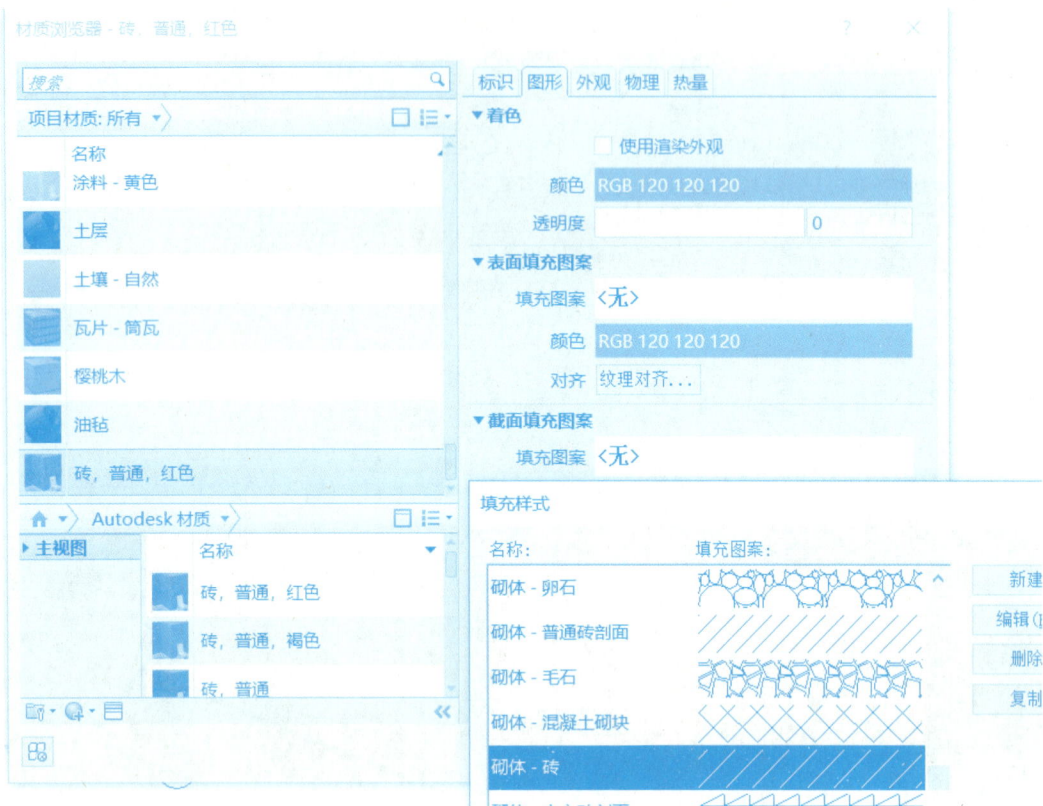

图 1-4-27

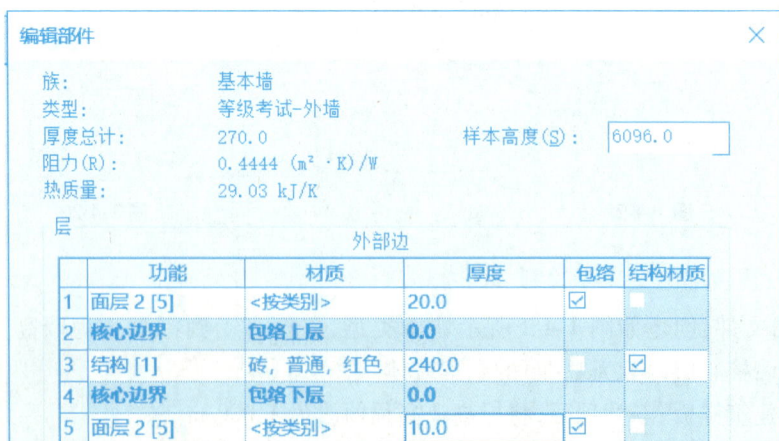

图 1-4-28

　　④单击第 1 层"材质"单元格的▢按钮,进入材质浏览器,搜索"涂料",在搜索结果中选择"涂料-黄色",单击鼠标右键选择"复制",修改复制后的材质为"20 厚涂料(黄)",确认其

"图形"选项卡中的着色、表面填充图案和截面填充图案,如图 1-4-29 所示。

图 1-4-29

⑤利用材质"20 厚涂料(黄)"依次复制新的材质"20 厚涂料(绿)""10 厚涂料(白)""10 厚涂料(蓝)",并按图 1-4-30 至图 1-4-32 所示分别设置这 3 种新涂料材质的"图形"选项卡。

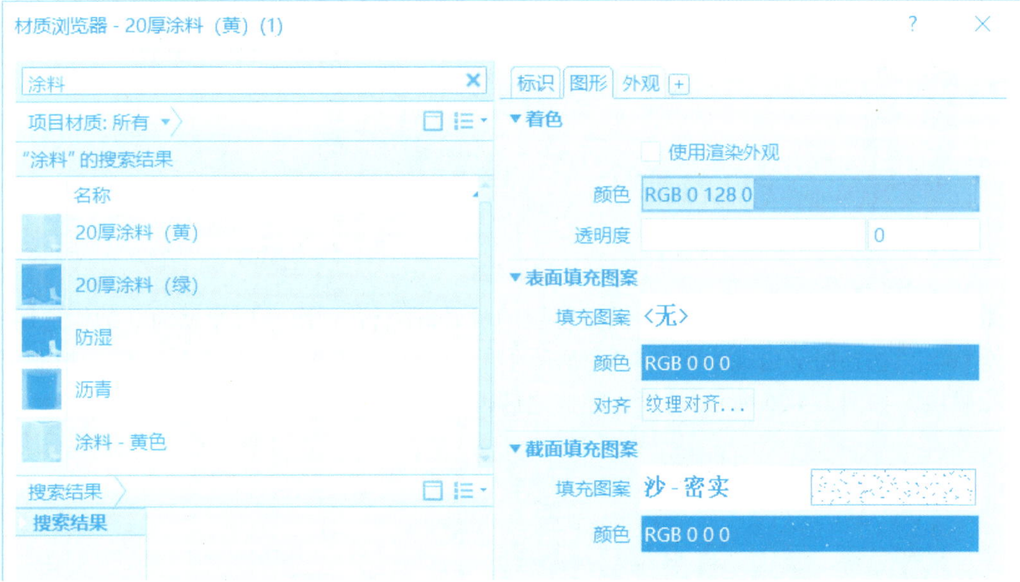

图 1-4-30

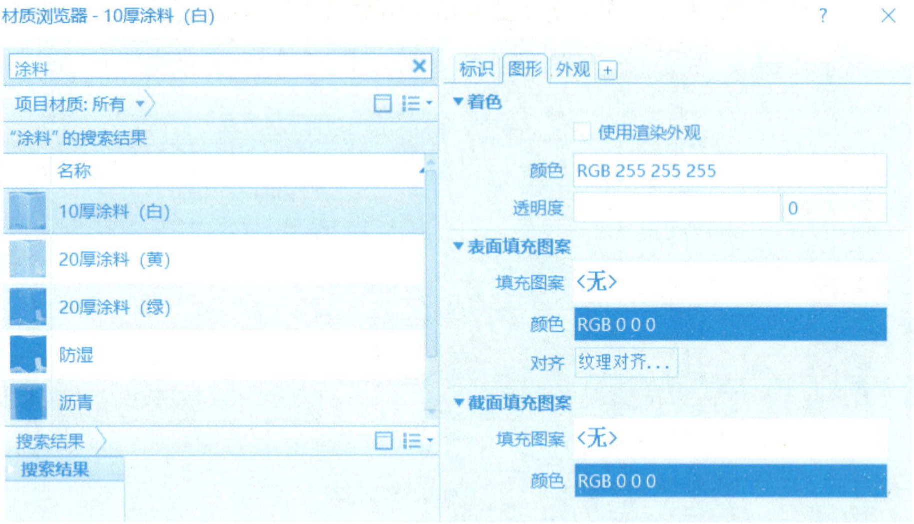

图 1-4-31

图 1-4-32

⑥按图 1-4-33 所示，添加层，并设置各层的材质，注意各留出一层厚度为 0 的构造层次。（单击"确定"按钮时会出现如图 1-4-34 所示的错误提示，可先将第 2 层和第 6 层的功能更改成"涂膜层"，如图 1-4-35 所示，待操作完成之后再将其功能改回"面层 2[5]"）。

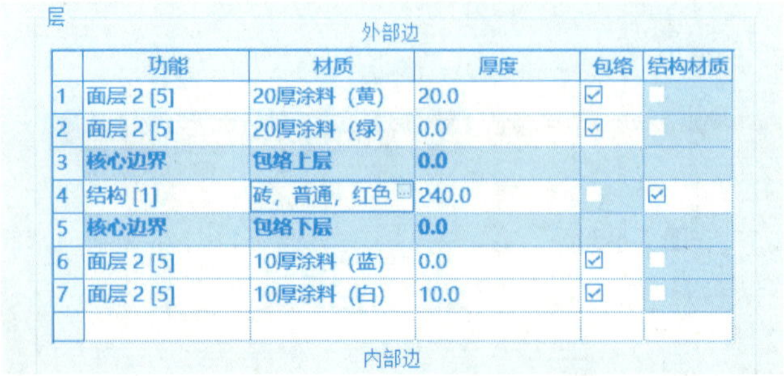

	功能	材质	厚度	包络	结构材质
		外部边			
1	面层 2 [5]	20厚涂料 (黄)	20.0	☑	
2	面层 2 [5]	20厚涂料 (绿)	0.0	☑	
3	核心边界	包络上层	0.0		
4	结构 [1]	砖, 普通, 红色	240.0		☑
5	核心边界	包络下层	0.0		
6	面层 2 [5]	10厚涂料 (蓝)	0.0	☑	
7	面层 2 [5]	10厚涂料 (白)	10.0	☑	
		内部边			

图 1-4-33

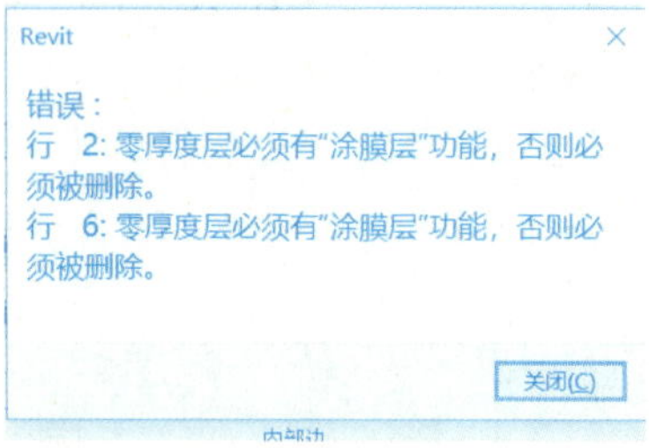

Revit ×

错误：

行 2: 零厚度层必须有"涂膜层"功能，否则必须被删除。

行 6: 零厚度层必须有"涂膜层"功能，否则必须被删除。

关闭(C)

图 1-4-34

层		外部边			
	功能	材质	厚度	包络	结构材质
1	面层 2 [5]	20厚涂料（黄）	20.0	☑	
2	涂膜层	20厚涂料（绿）	0.0	☑	
3	**核心边界**	**包络上层**	**0.0**		
4	结构 [1]	砖，普通，红色	240.0		☑
5	**核心边界**	**包络下层**	**0.0**		
6	涂膜层	10厚涂料（蓝）	0.0	☑	
7	面层 2 [5]	10厚涂料（白）	10.0	☑	
		内部边			

图 1-4-35

⑦按图 1-4-36 所示，单击"编辑部件"对话框中的"预览>>（P）"按钮，在左侧预览窗口，切换视图为"剖面:修改类型属性"。此时"编辑部件"对话框"修改垂直结构（仅限于剖面预览中）"中的工具变为可用。

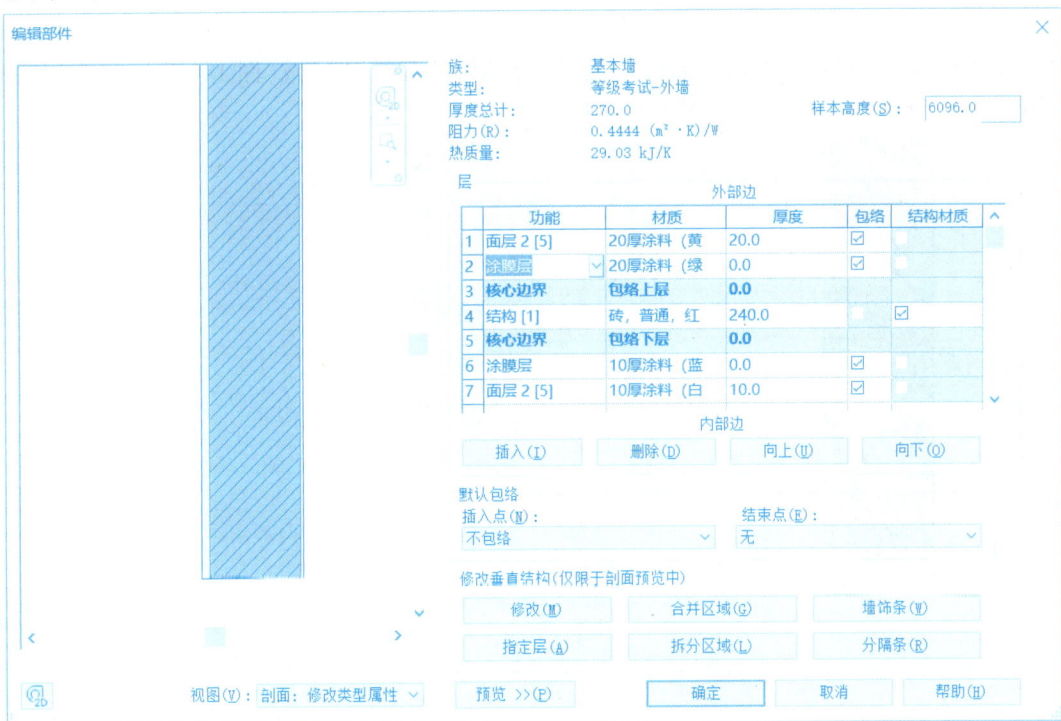

图 1-4-36

⑧单击"修改垂直结构（仅限于剖面预览中）"中的"拆分区域（L）"按钮，在左侧预览窗口中，在面层（墙体外侧）距底部 800 mm 处单击鼠标左键，将面层分为上下两段，如图 1-4-37 所示。

⑨继续单击"拆分区域（L）"按钮，将墙体内侧面层按图 1-4-38 所示进行拆分。拆分后在拆分位置与墙底部之间自动生成尺寸标注。

⑩选中墙结构层列表中的第 2 层"面层 2[5]""20 厚涂料（绿）"，单击"修改垂直结构（仅限于剖面预览中）"中的"指定层（A）"按钮，在左侧预览窗口中，单击拾取墙面外侧底部

"800"高的面层,将该层"材质"设置为"20 厚涂料(绿)",如图 1-4-39 所示。注意此时墙结构层列表中第 2 层面层"厚度"变为"20.0",第 7 层"厚度"变为"可变",并不可编辑。

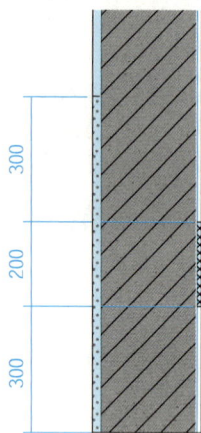

图 1-4-37　　　　　图 1-4-38　　　　　图 1-4-39　　　　　图 1-4-40

⑪选中墙结构层列表中的第 6 层"面层 2[5]""10 厚涂料(蓝)",单击"指定层(A)"按钮,在左侧预览窗口中,单击拾取墙面内侧拆分高度为"200"的区域(图 1-4-40),将该层"材质"设置为"10 厚涂料(蓝)",如图 1-4-41 所示。

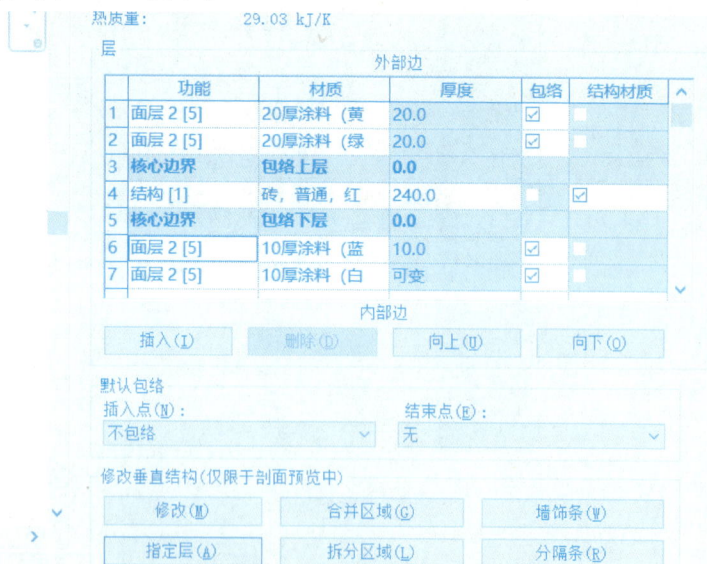

图 1-4-41

⑫单击"确定"按钮完成复合墙材质设置,再次单击"确定"按钮回到绘图界面。

⑬设置选项栏中的"高度"为"标高 2","定位线"为"核心面:内部",设置"绘制"面板中的绘制方式为"圆" 。在绘图区域适当位置,单击鼠标左键确定圆心,输入半径"5 000",绘制圆形墙体,通过空格键确认墙体外面层朝外。完成后的三维效果,如图 1-4-42 所示。

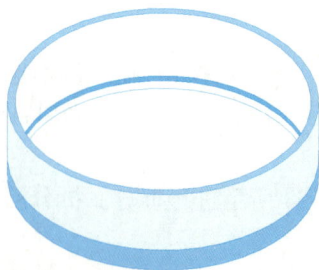

图 1-4-42

知识点 6：幕墙的定义及绘制

根据图 1-4-3 所示的北立面图与东立面图，创建玻璃幕墙及其水平竖梃模型。

建模思路：设置幕墙网格绘制幕墙，修改幕墙网格使用"添加/删除线段"工具，竖梃尺寸为 50 mm×150 mm，注意正确选择竖梃尺寸。

创建过程：

①设置幕墙属性：利用"建筑样板"新建一个项目，进入默认的标高 1 平面视图，单击"建筑"选项卡→"构建"面板→"墙"下拉菜单→"墙：建筑"，在属性浏览器中选择幕墙类型，单击"编辑类型"按钮设置幕墙类型属性，如图 1-4-43 所示。幕墙实例属性设置为底部限制条件"标高 1"，无连接高度"8 000.0"，绘制幕墙宽为"10 000"，如图 1-4-44 所示。

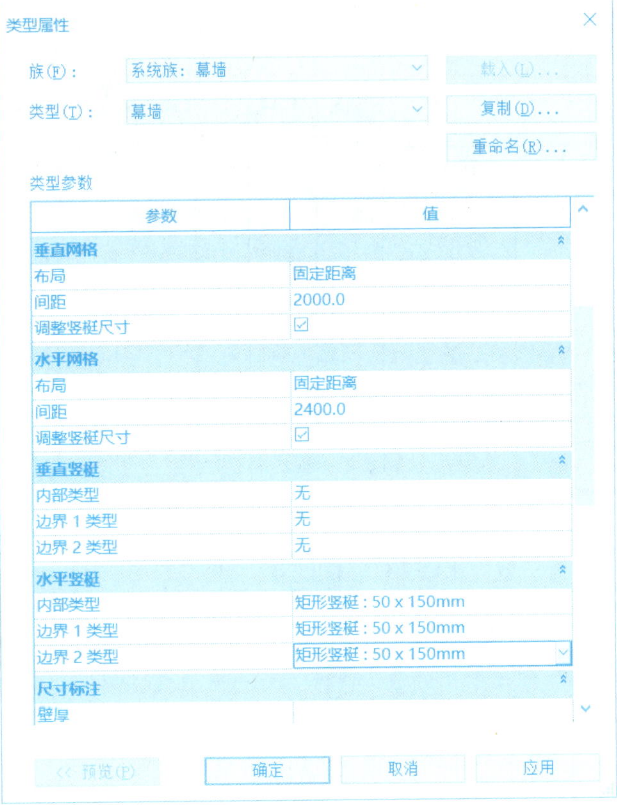

图 1-4-43

②修改幕墙网格间距：进入北立面图，选择需要修改间距的水平网格，单击 🔓 解锁 ，单击蓝色的标注出现放大的框，修改尺寸，如图 1-4-45 所示的水平网格与边线的间距应该为 1 600 mm。

③删除幕墙网格线段：选择需要删除线段的垂直网格线，单击"添加/删除线段" ，然后单击垂直网格上的线段，自动删除，完成后如图 1-4-46 所示。

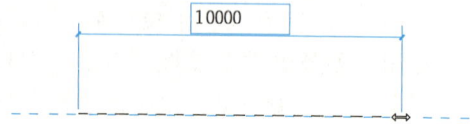

属性

幕墙

新建 墙　　　　　编辑类型

限制条件	
底部限制条件	标高 1
底部偏移	0.0
已附着底部	
顶部约束	未连接
无连接高度	8000.0
顶部偏移	0.0
已附着顶部	
房间边界	
与体量相关	

10000

图 1-4-44

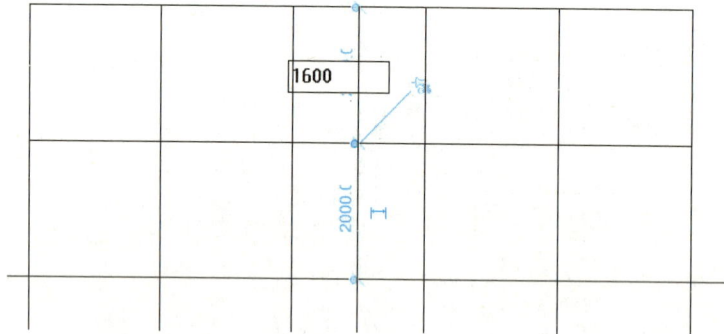

图 1-4-45

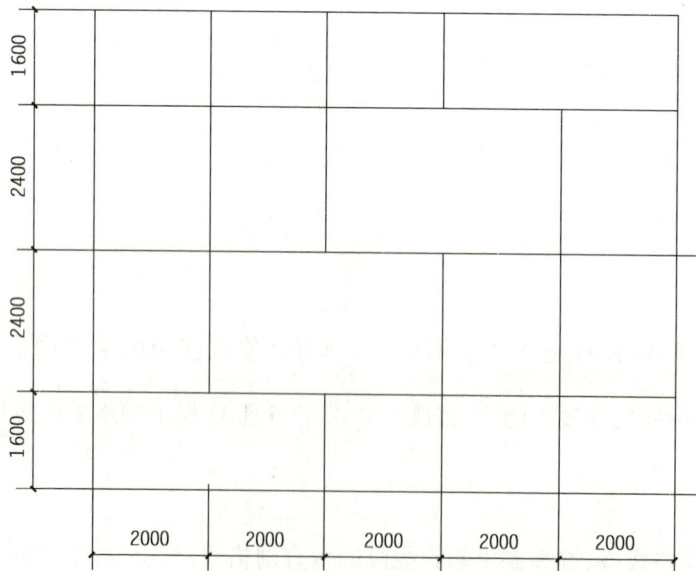

图 1-4-46

④添加竖梃:单击"构建"面板→"竖梃" ,在属性浏览器中选择"矩形竖梃 50×150 mm"规格的竖梃(图 1-4-47),单击横向的边框线及水平竖梃,添加竖梃。完成后标注尺寸,如图 1-4-48 所示,完成幕墙模型的创建。

图 1-4-47

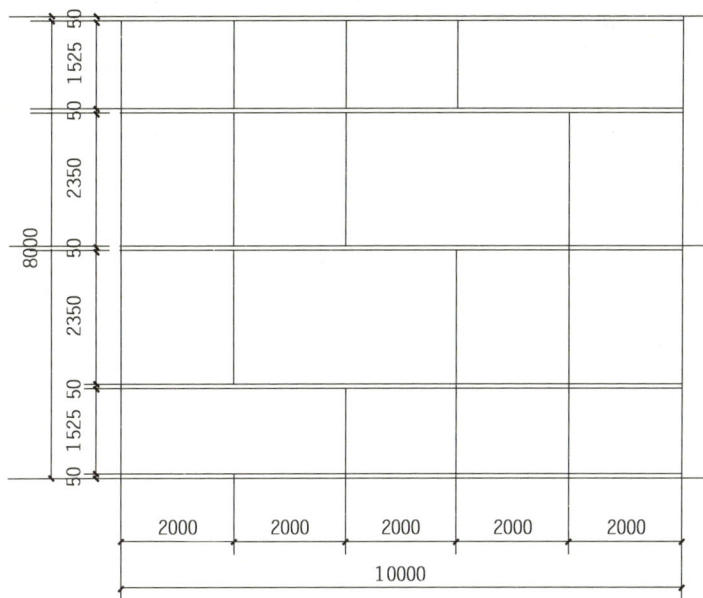

图 1-4-48

典型工作环节 5　绘制柱子

✖ 典型工作描述

Revit 中的柱分为建筑柱与结构柱。建筑柱自动应用所附着墙图元的材质,起装饰作用。建筑柱种类繁多,一般根据设计要求确定。柱类型包括矩形柱、壁柱、欧式柱、中式柱、现代柱、圆柱等,也可以通过族模型创建设计要求的柱类型。结构柱用于支撑结构和承受荷载,结构柱可以继续进行受力分析与配置钢筋。本工作环节需要了解建筑柱与结构柱的差异,掌握建筑柱的创建与编辑,完成实例工程建筑柱的创建。

学习目标

(1)了解建筑柱与结构柱的差异;
(2)掌握建筑柱的创建及编辑方法。

任务书

识读实例工程图纸,按要求完成建筑柱的创建与编辑。

工作准备

(1)识读实例工程图纸,了解该项目所包含的建筑柱种类;
(2)了解建筑柱的绘制规则。

工作任务实施

工作任务 1:了解建筑柱与结构柱的差异。

_____

_____

_____

_____

工作任务 2:绘制实例工程一层及二层柱子(柱子:300 mm×300 mm)。

_____

_____

_____

_____

评价反馈

工作任务评价与分析

评价项目	评价标准	参考分值	得分
建筑柱与结构柱的区分	建筑柱与结构柱区分正确	20	
建筑柱属性编辑	建筑柱截面尺寸编辑正确 建筑柱材质选择正确 建筑柱标高选择正确	50	
建筑柱放置正确	建筑柱构件位置放置正确	30	
总评			

相关知识点

知识点 1：建筑柱与结构柱的差异

在 Revit 中，建筑柱和结构柱之间共享许多属性，但由于二者属于不同的类别，还是有很大的差异。建筑柱与结构柱的差异主要体现在属性差异、样式差异、绘制方式差异、连接方式差异 4 个方面。

(1)属性差异

在建筑中，建筑柱主要具有装饰功能，而结构柱则有承受荷载的作用。针对这种差异，Revit 中的结构柱有一个可用于数据交换的分析模型，柱子两端自带两个分析节点，相比建筑柱多了一个分析属性，如图 1-5-1 所示。

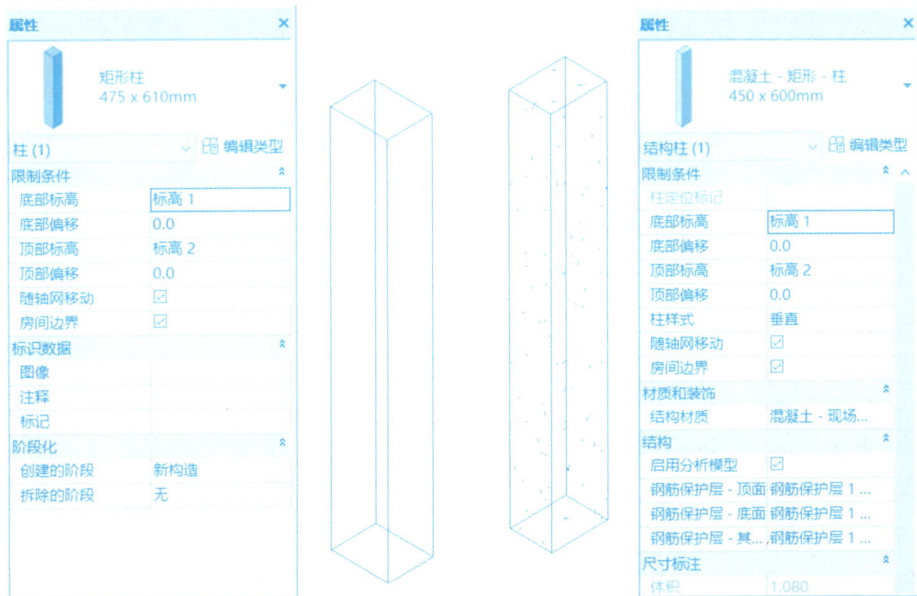

图 1-5-1

（2）样式差异

在 Revit 中，建筑柱只能垂直于平面放置，而结构柱在样式上有"垂直柱"与"斜柱"两种，如图 1-5-2 所示。

（3）绘制方式差异

在 Revit 中，建筑柱的绘制方式需要一个一个添加，而结构柱则可以基于轴网批量添加，或基于建筑柱放置，如图 1-5-3 所示。

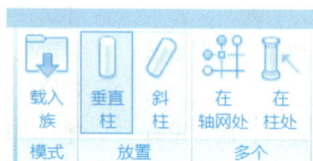

图 1-5-2   图 1-5-3

（4）连接方式差异

在 Revit 中，由于建筑柱属于建筑图元，结构柱属于结构图元，所以它们各种连接的对象存在差异。其中，结构柱能够与结构图元相连接，如梁、板和独立基础，而建筑柱不能；建筑柱作为建筑图元，能够与建筑墙体相连接，与之相连的墙体上的面层能够自动延伸到建筑柱上，形成包络，因此，建筑柱将继承连接到的其他图元的材质，而结构柱则保持独立。

知识点 2：放置柱

选择"建筑样板"新建一个项目，单击"建筑"选项卡→"构建"面板→"柱"下拉菜单→"柱：建筑"，如图 1-5-4 所示。在选项栏中出现如图 1-5-5 所示内容。

图 1-5-4

| 修改\|放置柱 | □放置后旋转 | 高度： | ∨ | 标高 2 | ∨ | 4000.0 | ☑房间边界 |

图 1-5-5

放置后旋转：勾选此选项可以在放置柱后将其旋转自定义角度。

高度/深度：设置柱的生成方式，默认按"高度"，"高度"即从底部向上生成。要使柱从顶部向下生成，应选择"深度"。

标高/未连接：选择柱的顶部标高；或者在"未连接"状态下设置柱的高度。

房间边界：勾选此选项可以在放置柱之前将其指定为房间边界。

知识点 3：从库中载入

建筑样板中自带的建筑柱仅有矩形柱一种，造型比较单一，可以从 Revit 软件自带族库中载入造型更加丰富的建筑柱。

单击"插入"选项卡→"从库中载入"面板→"载入族",如图1-5-6所示。

图 1-5-6

在弹出的族库文件夹中依次打开"建筑"→"柱",选择所需柱子族载入项目中,如图1-5-7所示。再次选择"柱:建筑"创建工具,在"类型选择器"中选择载入的新柱,然后在绘制区域任意位置单击放置,如图1-5-8所示。

图 1-5-7

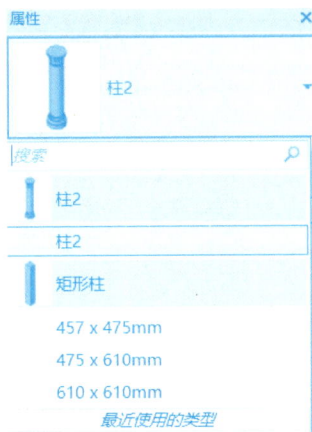

图 1-5-8

知识点 4:编辑柱

(1)修改实例属性

选中所绘制的建筑柱,单击"类型选择器"下拉列表可以切换类型,修改属性浏览器中"限制条件"分组下的参数可以更改建筑柱的高度,如图 1-5-9 所示。

底部/顶部标高:通过关联相应标高指定柱底部/顶部的位置。

底部/顶部偏移:控制柱底部/顶部与关联标高的偏移量,正值为向上,负值为向下。

(2)修改类型属性

单击属性浏览器中的"编辑类型"按钮,弹出"类型属性"对话框,如图 1-5-10 所示。

偏移基准:柱与底部关联标高的偏移量,正值为向上,负值无效。

偏移顶部:柱与顶部关联标高的偏移量,正值为向下,负值无效。

新建类型:单击"复制(D)..."按钮,在不影响当前项目自带类型的前提下,复制出一个新的类型,并且重命名。

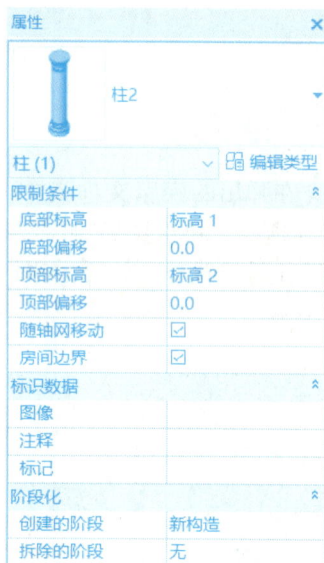

图 1-5-9

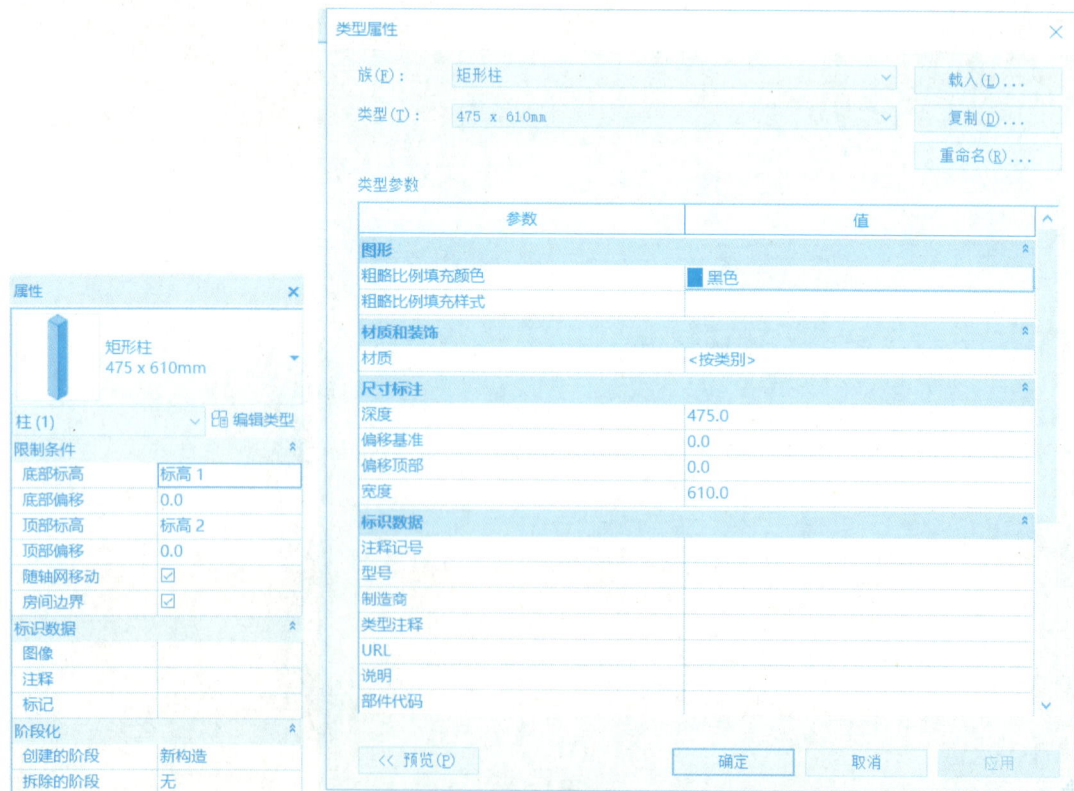

图 1-5-10

　　修改材质:单击"材质"右侧"<按类别>"后的▢,打开材质浏览器,在搜索栏中输入"混凝土",如果搜索结果中没有这种材质,可在材质库中查找并单击 ❶ 添加材质,单击"确定"按钮,完成材质设置,如图 1-5-11 所示。

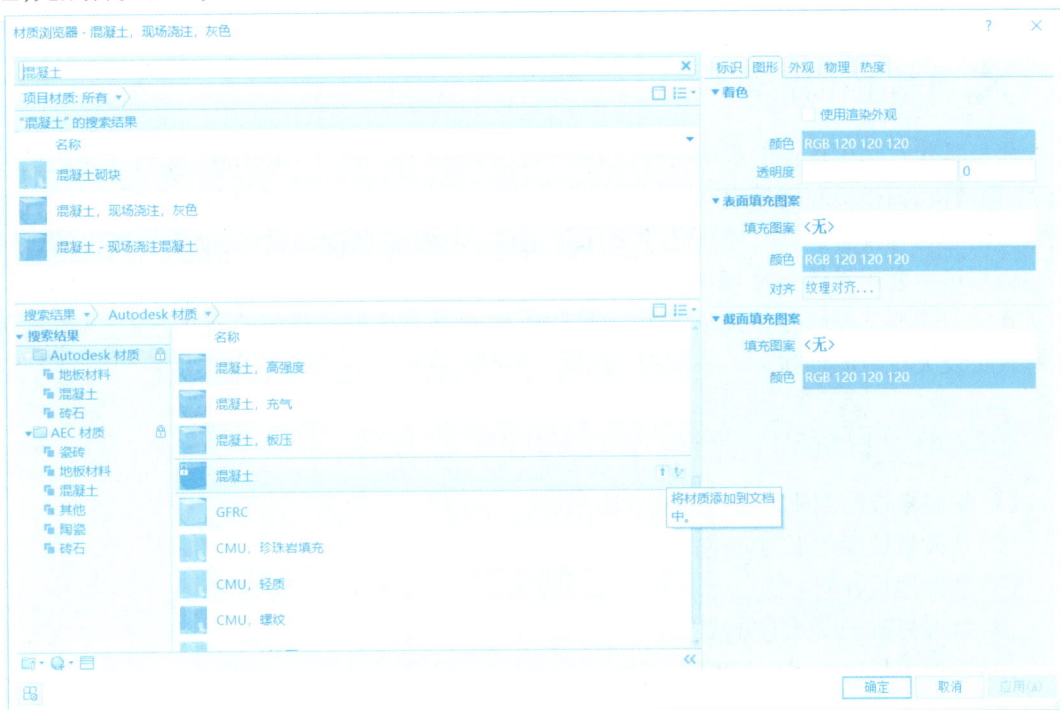

图 1-5-11

　　编辑截面尺寸:在"尺寸标注"分组中可以修改"深度"和"宽度"数据来更改建筑柱的截面尺寸。

典型工作环节 6　绘制楼板与天花板

✖ 典型工作描述

　　楼板是建筑物中重要的水平构件,起划分楼层空间的作用。在 Revit 中,楼板分为建筑楼板、结构楼板、面楼板和楼板边。建筑楼板与结构楼板的区别在于是否进行结构受力分析,在绘制方法上二者没有区别。楼板边主要用于生成一些楼板的附属设施,如室外楼板的台阶等。面楼板主要用于体量楼层的楼板创建。天花板主要有自动创建和绘制创建两种方法。本工作环节需要掌握楼板和天花板的创建方法,熟悉具有坡度的楼板的创建方式,完成实例工程楼板及天花板的创建。

📖 学习目标

　　(1)掌握楼板的创建及属性修改方法;
　　(2)掌握带坡度楼板的创建;
　　(3)掌握楼板开洞方法;
　　(4)掌握修改子图元的方法;
　　(5)掌握楼板边的创建与编辑方法;
　　(6)掌握天花板的创建及属性修改方法。

📖 任务书

　　(1)识读实例工程图纸,绘制楼板及天花板;
　　(2)绘制如图 1-6-1 所示卫生间楼板。

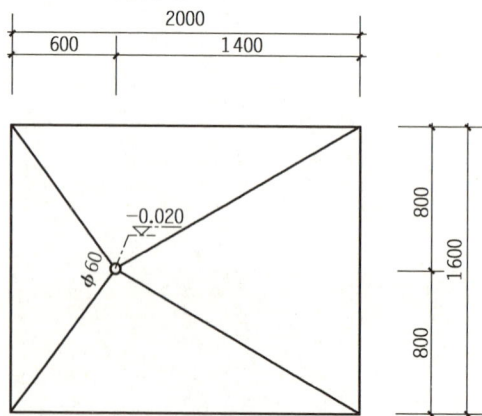

平面图　1:30

创建卫生间
楼板

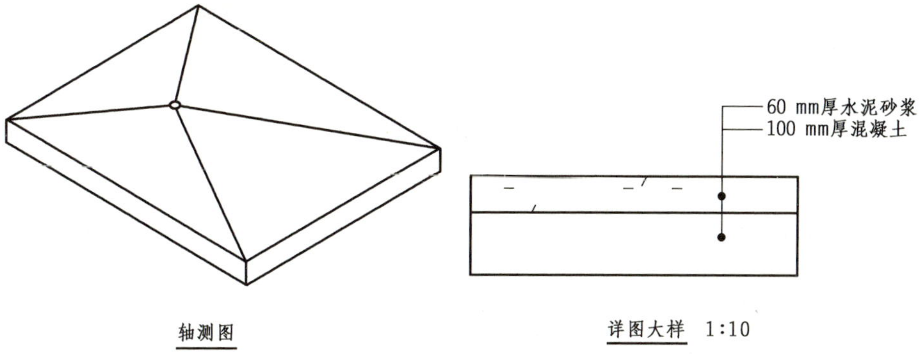

60 mm厚水泥砂浆
100 mm厚混凝土

轴测图　　　　　　　　　　　　　　　详图大样　1:10

图 1-6-1

🖥️ 工作准备

（1）识读实例工程图纸，了解项目所包含的楼板与天花板；
（2）了解楼板与天花板的绘制规则。

🧮 工作任务实施

工作任务 1：按要求绘制实例工程一层及二层楼板（楼板：150 mm 厚混凝土；一楼底板：450 mm 厚混凝土）

_____

_____

_____

_____

工作任务 2：绘制实例工程一层及二层天花板（天花板-系统族：复合天花板 600 mm×600 mm 轴网）

_____

_____

_____

_____

工作任务 3：根据图 1-6-1 给定的尺寸及详图大样新建楼板，顶部所在标高为±0.000，命名为"卫生间楼板"，构造层保持不变，水泥砂浆层进行放坡，并创建洞口。（BIM 等级考试第四期第二题）

_____

_____

_____

_____

_____

👍 评价反馈

工作任务评价与分析

评价项目	评价标准	参考分值	得分
楼板、天花板的属性设置	属性设置正确 楼板、天花板命名正确	20	
楼板、天花板的创建	平面位置正确 顶部标高正确	20	
带坡度楼板的创建	坡度楼板创建正确	10	
楼板洞口的创建	洞口位置及形状正确	10	
子图元的修改	添加点正确 点的高程值修改正确	20	
楼板边的创建	轮廓类型选择正确 位置正确	20	
总评			

🧑‍🏫 相关知识点

知识点1：创建楼板

Revit 中提供了 4 个楼板的相关工具，如图 1-6-2 所示。

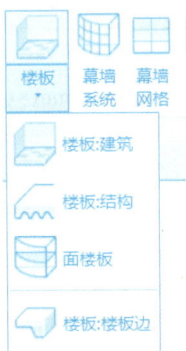

图 1-6-2

单击"建筑"选项卡→"构建"面板→"楼板"下拉菜单→"楼板：建筑"，弹出"修改|创建楼层边界"上下文选项卡，如图 1-6-3 所示，可在其中选择楼板的创建方法。

使用"直线"工具绘制封闭楼板边界，可以绘制任意形状的楼板。也可使用"拾取墙"工具，在选项栏中勾选"延伸到墙中（至核心层）"，一次选中所有外墙，单击生成楼板边界，若出现交叉线条，使用"修剪" 工具编辑成封闭楼板轮廓，完成草图后，单击" ✔ "完成楼板创建，如图 1-6-4 所示。此时会弹出"是否希望将高达此楼层标高的墙附着到此楼层的底部？"对话框（图 1-6-5），单击"是（Y）"按钮，则将高达此楼层标高的墙附着到此楼层的底部；单击"否（N）"按钮，则不将高达此楼层标高的墙附着到此楼层的底部，而与楼板同高度，两种情况如图 1-6-6 所示。

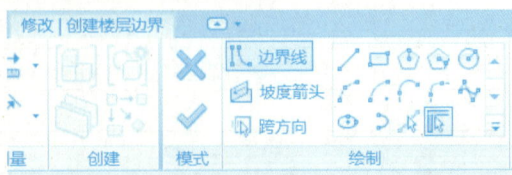

图 1-6-3

图 1-6-4　　　　　　　　　　　　　　图 1-6-5

是（Y）　　　　　　　　　　　　　否（N）

图 1-6-6

知识点 2：编辑楼板

选中楼板，单击属性浏览器中的"编辑类型"按钮，弹出"类型属性"对话框。楼板的属性设置与墙的属性设置基本相同，单击"结构"后的"编辑…"按钮（图 1-6-7），弹出"编辑部件"对话框，编辑楼板结构（图 1-6-8），单击"确定"按钮完成楼板编辑。

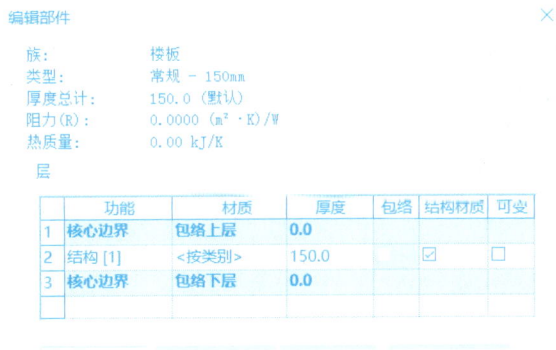

图 1-6-7　　　　　　　　　　　　　　图 1-6-8

在编辑楼板结构时，选择任意层并勾选"可变"，则在对楼板进行建筑找坡时其厚度会根据坡度而变化，未勾选的层则保持设定值。楼板结构创建完成后，在三维视图中无法查看楼板分层，可通过将楼板创建成零件的方式查看。选择创建的楼板，单击"修改|楼板"上下文选项卡→"创建"面板→"零件"，即可看到楼板的分层情况，如图 1-6-9 所示。同样也可通过创建零件的方式看到墙体的分层情况。

图 1-6-9

知识点 3：创建斜楼板

坡度箭头：在绘制楼板草图时，用"坡度箭头"工具绘制坡度箭头，如图 1-6-10 所示，选择坡度，在属性浏览器中设置"尾高"或"坡度"值，完成绘制。

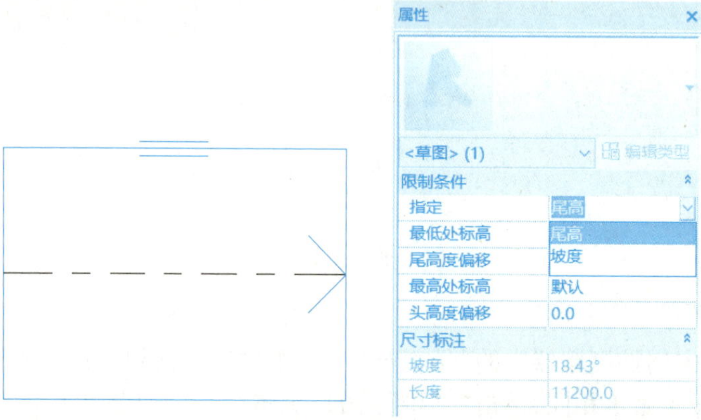

图 1-6-10

知识点 4：楼板边

单击"建筑"选项卡→"构建"面板→"楼板"下拉菜单→"楼板：楼板边"，单击属性浏览器中的"编辑类型"按钮，弹出"类型属性"对话框，选择需要的轮廓类型，如图 1-6-11 所示。单击"确定"按钮退出。移动光标至楼板边线，楼板边线会高亮显示，鼠标左键单击，即可自动生成楼板边，如图 1-6-12 所示。（注：楼板边只能以水平的楼板边线生成，带坡度的楼板边线无法生成楼板边。）

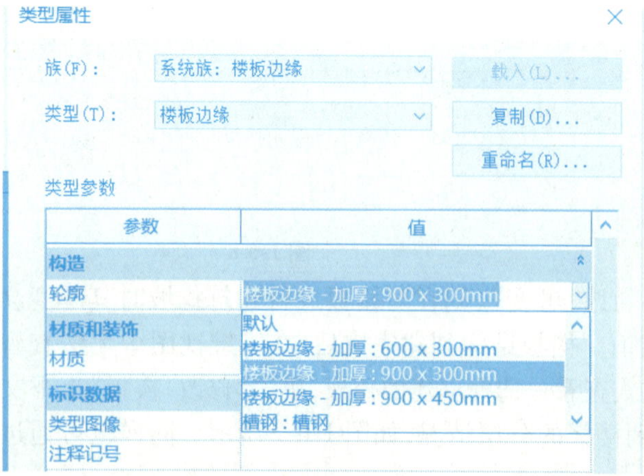

图 1-6-11

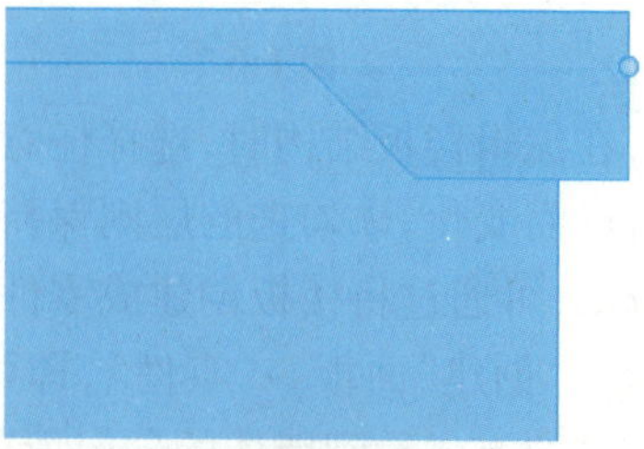

图 1-6-12

知识点 5：编辑子图元

单击"建筑"选项卡→"构建"面板→"楼板"下拉菜单→"楼板：建筑"按钮，弹出"修改|创建楼层边界"上下文选项卡，选择"矩形"　绘制方式绘制楼板。单击选中楼板，在"修改|楼板"上下文选项卡中单击"修改子图元"→"添加点"，如图 1-6-13 所示。此时楼板轮廓线变成亮显的绿色虚线，移动光标至边线单击添加两个点，如图 1-6-14 所示。

图 1-6-13

图 1-6-14

单击绿色的添加点输入数值，可修改点的高程值，如输入"-300"，同时将另外一个点的数值修改为"-300"，按两下"Esc"键退出，如图 1-6-15 所示。切换至三维视图，如图 1-6-16 所示。

图 1-6-15

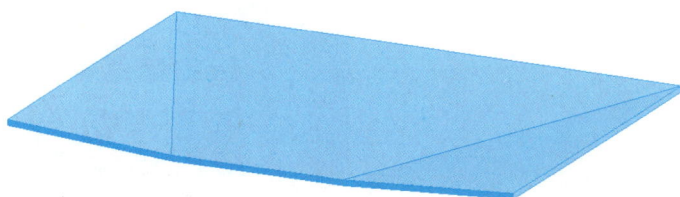

图 1-6-16

知识点6：楼板开洞口

单击"建筑"选项卡→"构建"面板→"楼板"下拉菜单→"楼板：建筑"，弹出"修改|创建楼层边界"上下文选项卡，选择"矩形"□绘制方式绘制楼板。选择楼板，单击"编辑"面板→"编辑边界"，进入绘制楼板轮廓草图模式，或在创建楼板时，在楼板轮廓以内直接绘制洞口闭合轮廓，完成绘制后的效果如图1-6-17所示。

图1-6-17

也可用"修改"选项卡→"编辑几何图形"面板→"洞口"工具下拉菜单，选择适宜的洞口工具——"面洞口""墙洞口""垂直洞口""竖井洞口""老虎窗洞口"，绘制封闭轮廓创建洞口。

知识点7：创建天花板

（1）自动创建天花板

单击"建筑"选项卡→"构建"面板→"天花板"，自动切换至"修改|放置 天花板"上下文选项卡，如图1-6-18所示。默认情况下，"自动创建天花板"工具处于活动状态，可以在图1-6-19所示的以墙为界限的区域内创建天花板，在属性浏览器中输入天花板高度，如图1-6-20所示。单击楼板自动创建完成，如图1-6-21所示。（注：使用"自动创建天花板"工具创建天花板时，只有在墙体构成闭合的环内才可生成，且忽略房间分隔线。）

图1-6-18

图1-6-19

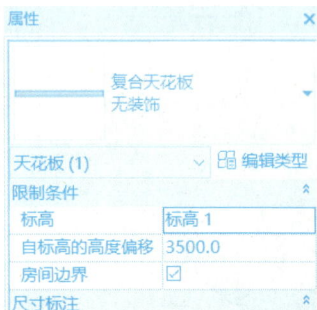

图1-6-20

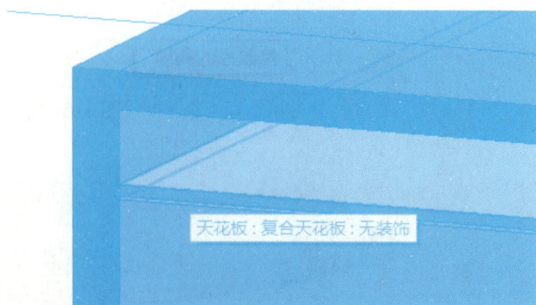

图1-6-21

（2）手动创建天花板

单击"构建"面板→"天花板"，自动切换至"修改|放置 天花板"上下文选项卡，选择"绘制天花板"工具，进入"修改|创建天花板边界"上下文选项卡，如图1-6-22所示。使用"绘制"面板中的"边界线"工具绘制天花板边界，单击"✓"完成天花板创建。

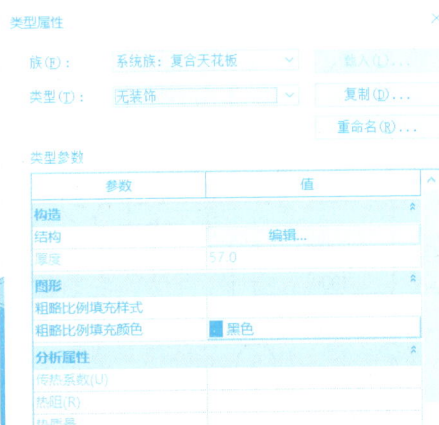

图1-6-22

（3）天花板参数设置

天花板包含基本天花板和复合天花板两种类型。选择天花板，在属性浏览器中的"类型选择器"中可切换天花板类型（图1-6-23）。基本天花板不可编辑结构层，且在剖面视图中是以一条线来表现的，但基本天花板含有材质参数（图1-6-24），在平面视图和三维视图中可以显示表面填充图案。复合天花板可通过设置层来表现材质，在剖面视图中可以显示材质的内容。选择"复合天花板无装饰"后，单击"编辑类型"按钮，进入"类型属性"对话框，单击"编辑…"按钮（图1-6-25），打开天花板"编辑部件"对话框（图1-6-26），可以设置相关参数。

图1-6-23

图1-6-24

图1-6-25

图1-6-26

典型工作环节 7　绘制屋顶

✖ 典型工作描述

　　屋顶是房屋最上层起覆盖作用的围护结构,根据屋顶排水坡度的不同,常见的有平屋顶、坡屋顶两类。Revit 提供了多种屋顶建模工具,如迹线屋顶、拉伸屋顶、面屋顶等创建屋顶的常规工具。对一些特殊造型的屋顶,还可以通过内建模型的工具来创建。本工作环节需要掌握利用迹线屋顶和拉伸屋顶工具创建平层顶与坡屋顶的方法,完成实例工程屋顶的创建。

📊 学习目标

(1)掌握迹线屋顶的创建与编辑方法;
(2)掌握拉伸屋顶的创建及编辑方法。

创建坡屋顶

📖 任务书

(1)识读实例工程图纸,完成图 1-7-1 所示坡屋顶的创建。

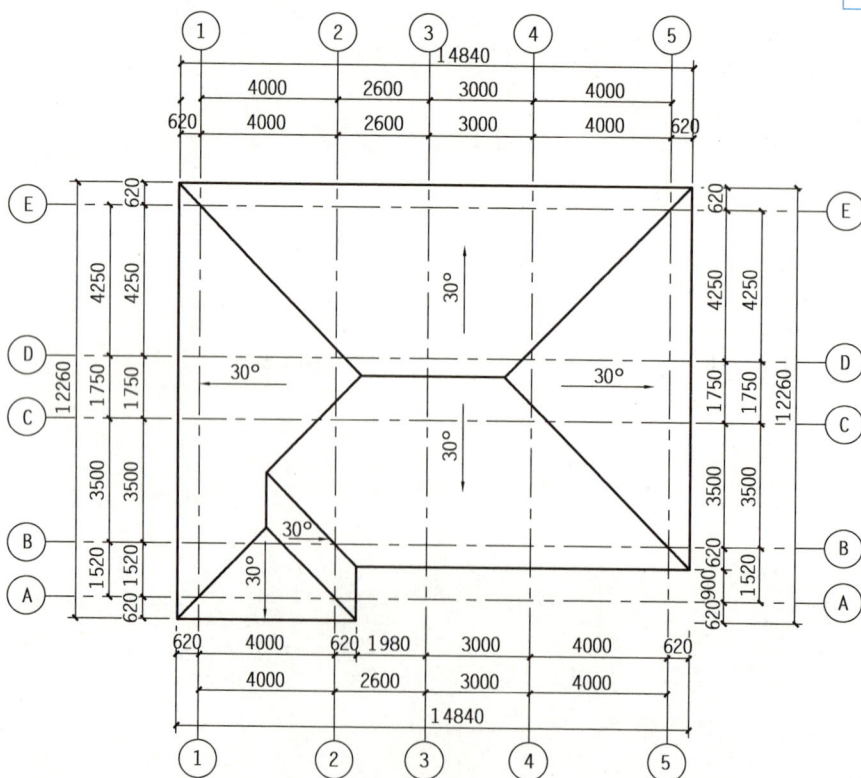

屋顶平面图 1:100

图 1-7-1

（2）完成图 1-7-2 所示平屋顶的创建。

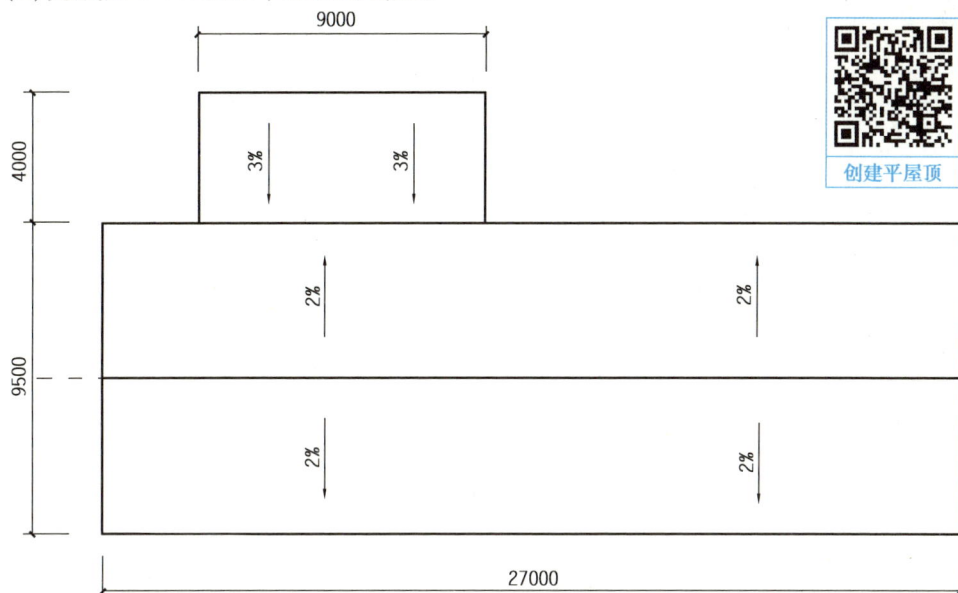

图 1-7-2

💻 工作准备

（1）识读实例工程图纸,了解项目所包含的屋顶类型。
（2）了解屋顶的绘制规则。

工作任务实施

工作任务 1:如何创建和编辑迹线屋顶?

工作任务 2:如何创建和编辑拉伸屋顶?

工作任务 3:按图 1-7-1 要求绘制坡屋顶(屋顶:100 mm 厚混凝土)。

工作任务 4:按图 1-7-2 要求绘制平屋顶(屋顶:常规-125 mm)。

👍 评价反馈

工作任务评价与分析

评价项目	评价标准	参考分值	得分
迹线屋顶的创建与编辑	迹线屋顶边界创建正确 屋顶构造层次设置正确 屋顶坡度定义正确 迹线屋顶属性设置正确	60	
拉伸屋顶的创建与编辑	拉伸屋顶创建正确 拉伸屋顶属性设置正确	40	
总评			

🧑‍🏫 相关知识点

知识点 1：迹线屋顶

（1）创建迹线屋顶

迹线屋顶是指创建屋顶时使用建筑迹线定义屋顶的边界，并为其指定不同的坡度和悬挑，或者可以使用默认值对其进行优化。

使用"建筑样板"新建项目，进入标高 2 楼层平面视图，单击"建筑"选项卡→"构建"面板→"屋顶"下拉菜单→"迹线屋顶"，如图 1-7-3 所示。

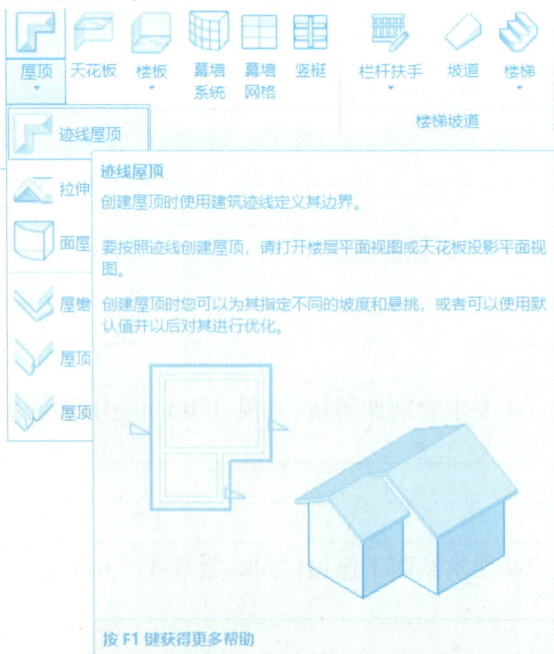

图 1-7-3

使用"绘制"面板中的"边界线"绘制迹线屋顶边界,如图 1-7-4 所示。单击"内接多边形"工具,在选项栏中勾选"定义坡度",多边形边数设置为"6",如图 1-7-5 所示。

图 1-7-4

图 1-7-5

在绘制区域绘制半径为 3 000 mm 的圆内接六边形,如图 1-7-6 所示。单击"修改|创建迹线屋顶"上下文选项卡→"模式"面板→" ✓ ",完成屋顶的创建,如图 1-7-7 所示。

选择创建完成的屋顶,在属性浏览器中的"类型选择器"下拉列表中选择已有的屋顶类型,如图 1-7-8 所示。

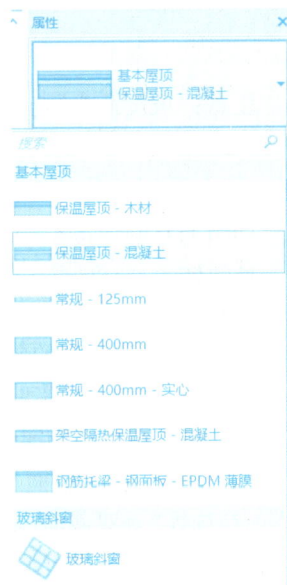

图 1-7-6　　　　　　图 1-7-7　　　　　　图 1-7-8

(2)编辑迹线屋顶

屋顶的构造层次创建与墙体相同,可参考墙体部分知识点 4 进行设置。

坡度箭头:利用"坡度箭头"可以为迹线屋顶定义坡度。例如,在绘制边界线时,选择一条边界线,使用"修改"面板中的"拆分图元" ⊏╌ 工具将该边界线拆分为 3 段,中间边界线添加坡度箭头并取消勾选"定义坡度",通过在属性浏览器中调整"尾高"或者"坡度"数值调整坡度,完成屋顶创建,如图 1-7-9 所示。

图 1-7-9

注意:"坡度箭头"与"定义坡度"都是创建屋顶迹线的工具,因此不能同时定义同一条屋顶边界线。

(3)迹线屋顶的实例属性

如图 1-7-10 所示:

截断标高:通过调整屋顶上方的高度,对屋顶进行剖切,控制屋顶显示样式。可以利用"截断标高"与其他屋顶组合,形成不同造型的屋顶。

椽截面:通过选择不同的椽截面形式来改变屋顶边界的样式。单击屋顶实例属性"构造"栏中"椽截面"下拉列表,可以选择"垂直截面""垂双截面"和"正方形双截面"。在选择"垂双截面"和"正方形双截面"的情况下,可以对"封檐板深度"进行调整。

坡度:指屋顶的整体坡度,可以通过设定不同的值来修改屋顶的造型。

知识点 2:拉伸屋顶

(1)创建拉伸屋顶

使用"建筑样板"新建项目,进入标高 1 楼层平面视图,绘制两个垂直相交的参照平面,单击"建筑"选项卡→"构建"面板→"屋顶"下拉菜单→"拉伸屋顶",如图 1-7-11 所示。

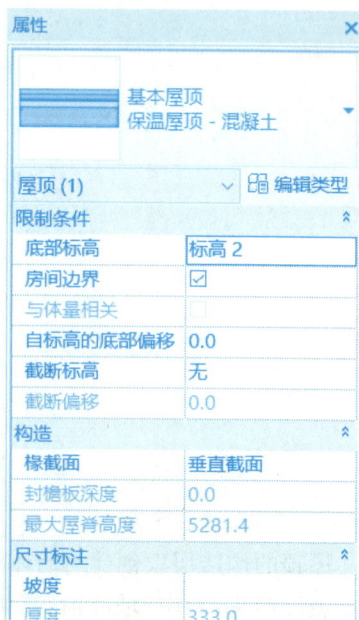

图 1-7-10

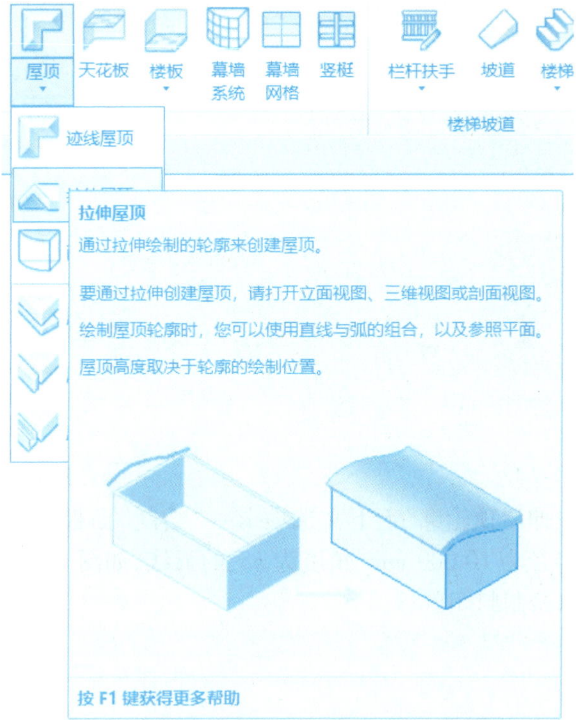

图 1-7-11

　　在弹出的"工作平面"对话框中,点选"拾取一个平面(P)",单击"确定"按钮,选择一个参照平面设置为"工作平面",如图 1-7-12 所示。

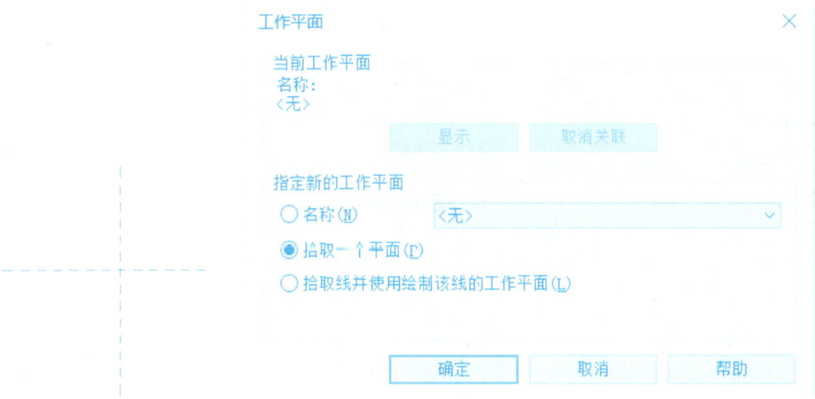

图 1-7-12

　　在弹出的"转到视图"对话框中,选择"立面:东",单击"打开视图"按钮,如图 1-7-13 所示。进入东立面,在弹出的"屋顶参照标高和偏移"对话框中,可以选择绘制拉伸屋顶的参照标高以及对其偏移量进行设置,完成后单击"确定"按钮,如图 1-7-14 所示。

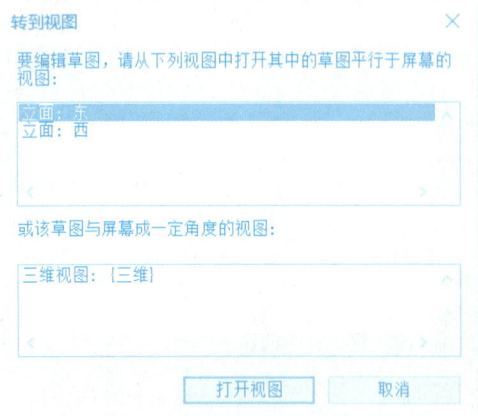

图 1-7-13   图 1-7-14

　　单击"修改|创建拉伸屋顶轮廓"上下文选项卡→"绘制"面板→"起点-终点-半径弧",如图 1-7-15 所示。绘制半径为 10 000 mm、角度为 35°的弧线,如图 1-7-16 所示。(注意:绘制拉伸屋顶的轮廓时不可以绘制封闭区域。)

图 1-7-15

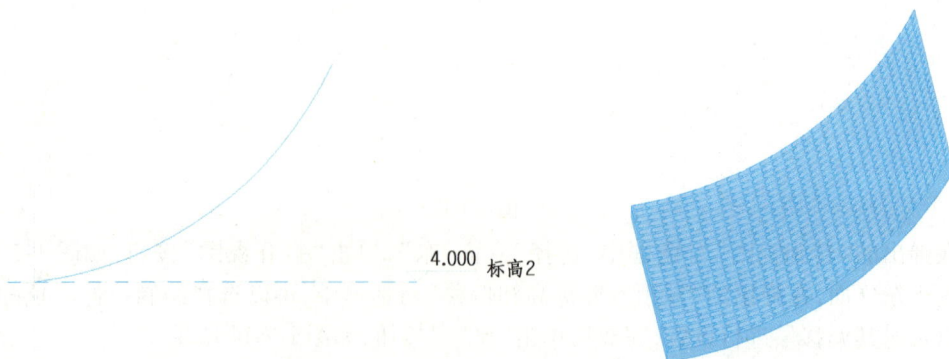

图 1-7-16

（2）编辑拉伸屋顶

选择已绘制的屋顶,可通过双击屋顶或使用"修改|屋顶"上下文选项卡→"模式"面板→"编辑轮廓"工具重新编辑屋顶边界,如图 1-7-17 所示。

选择绘制完成的拉伸屋顶,可在属性浏览器中修改其"拉伸起点"和"拉伸终点"来控制屋顶的大小,还可修改其他参数,可参考迹线屋顶的实例属性和类型属性进行修改,如图 1-7-18 所示。

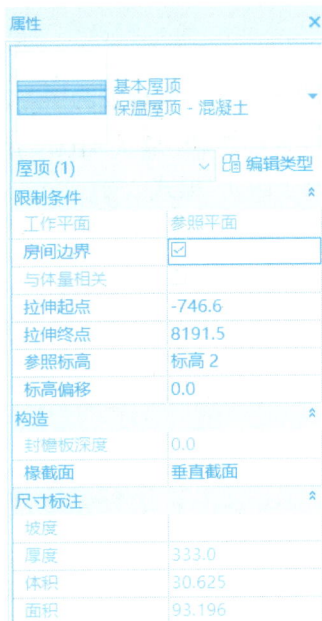

图 1-7-17　　　　　　　　　　　图 1-7-18

知识点 3：创建和编辑平屋顶

使用"建筑样板"新建项目,进入标高 2 楼层平面视图,单击"建筑"选项卡→"构建"面板→"屋顶"下拉菜单→"迹线屋顶",绘制矩形屋顶。注意:选项栏中的"定义坡度"不勾选 □定义坡度。在屋顶中间位置绘制一条参照平面,如图 1-7-19 所示。

图 1-7-19

激活"形状编辑"面板中的"修改子图元"工具,单击"添加分割线",移动光标至参照平面与屋顶左右交点处并单击鼠标左键,添加分割线,如图 1-7-20 所示。

图 1-7-20

再次单击"修改子图元",光标变为  ，切换至三维视图,选择之前绘制完成的分割线,
单击分割线中间位置高程值,输入"100"并按回车键确认,如图 1-7-21 所示。完成后,按
"Esc"键退出"修改子图元"模式。

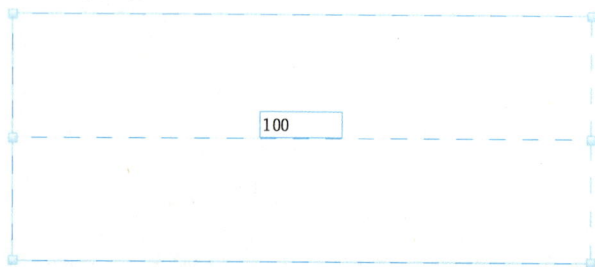

100

图 1-7-21

单击"注释"选项卡→"尺寸标注"面板→"高程点坡度" ,进入"修改|放置尺寸标
志"上下文选项卡。单击属性浏览器中的"编辑类型"按钮,弹出"类型属性"对话框,单击"单
位格式",修改"单位(U)"为"百分比",修改"单位符号(S)"为"%",单击"确定"按钮完成对
坡度显示方式的编辑,如图 1-7-22 所示。

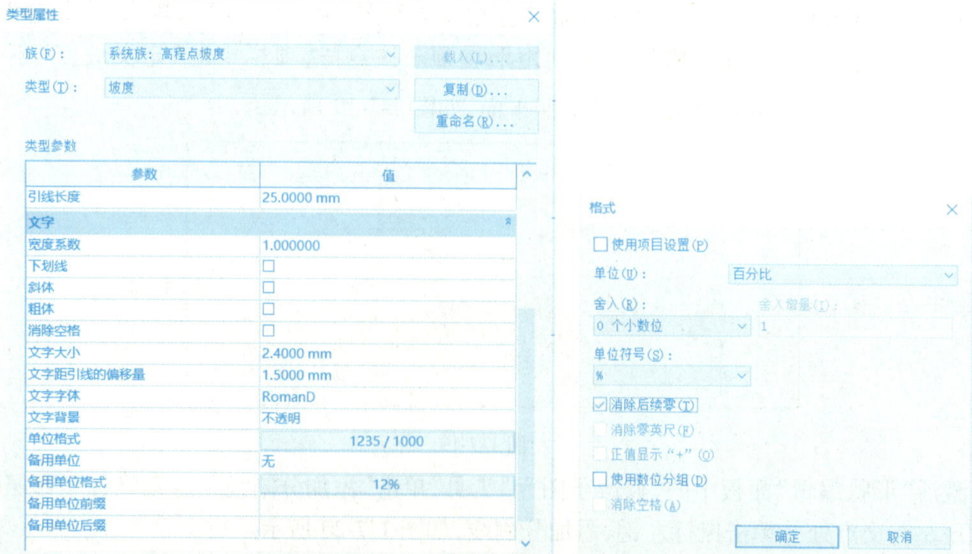

图 1-7-22

移动光标至屋顶位置,单击鼠标左键,标记屋顶坡度符号,完成平屋顶的创建,如图1-7-23
所示。

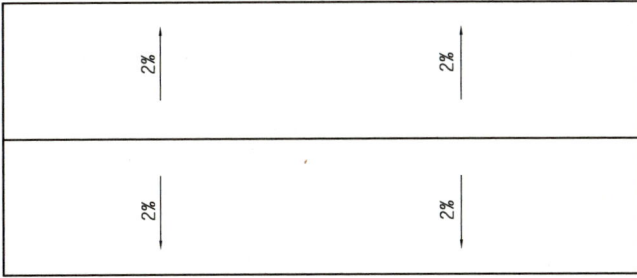

图 1-7-23

典型工作环节 8　绘制建筑门窗

✕ 典型工作描述

门窗是建筑设计中最常用的构件。Revit 提供了门窗工具,用于在项目中添加门窗图元。门窗必须放置于墙、屋顶等主体图元中,这种依赖于主体图元而存在的构件称为构件图元。本工作环节需要掌握门窗的创建与编辑方法,完成实例工程门窗的创建与编辑。

📋 学习目标

(1)掌握门窗的创建方法;
(2)掌握门窗的编辑方法;
(3)掌握门窗信息修改方法。

📖 任务书

识读实例工程图纸,完成门窗的创建与编辑。

🖥 工作准备

(1)识读实例工程图纸,了解项目所包含的门窗类型;
(2)了解门窗的绘制规则。

🔢 工作任务实施

工作任务:按附录图纸要求绘制一层及二层门窗(具体尺寸见表 1-8-1)。

表 1-8-1

类型	设计编号	洞口尺寸/mm	数量
单扇木门	M0820	800×2 000	2
	M0921	900×2 100	8
双扇木门	M1521	1 500×2 100	2
玻璃嵌板门	M2120	2 100×2 000	1
双扇窗	C1212	1 200×1 200	10
固定窗	C0512	500×1 200	2

👍 评价反馈

工作任务评价与分析

评价项目	评价标准	参考分值	得分
门构件的属性设置	材质属性设置正确 门构件命名正确	25	
门构件的放置	门构件平面位置放置正确	25	
窗构件的属性设置	材质属性设置正确 窗构件命名正确	25	
窗构件的放置	窗构件平面位置放置正确 窗台底高度正确	25	
总评			

相关知识点

知识点 1:创建门窗

门和窗是基于主体的构件,可添加到任何类型的墙体上,在平、立、剖面及三维视图中均可添加门窗,且门窗会自动剪切墙体放置。

单击"建筑"选项卡→"构建"面板→"门""窗",在属性浏览器中选择所需的门、窗类型,如果需要更多种类的门、窗类型,可以通过"载入族" 工具从族库载入。在选项栏中选择"在放置时进行标记"将自动标记门窗,选择"引线"可设置是否添加引线。在墙主体上移动光标,当门、窗位于正确的位置时单击鼠标左键确定,如图 1-8-1 所示。放置后还可以修改门窗的临时尺寸标注进行精确定位。

图 1-8-1

　　放置门窗时输入"SM"自动捕捉到中点插入。插入门窗时,在墙内外移动光标改变内外开启方向,按空格键改变左右开启方向。

　　选择门,单击"修改|门"上下文选项卡→"主体"面板→"拾取新主体",可更换放置门的主体,即把门移动放置到其他墙体上,如图 1-8-2 所示。

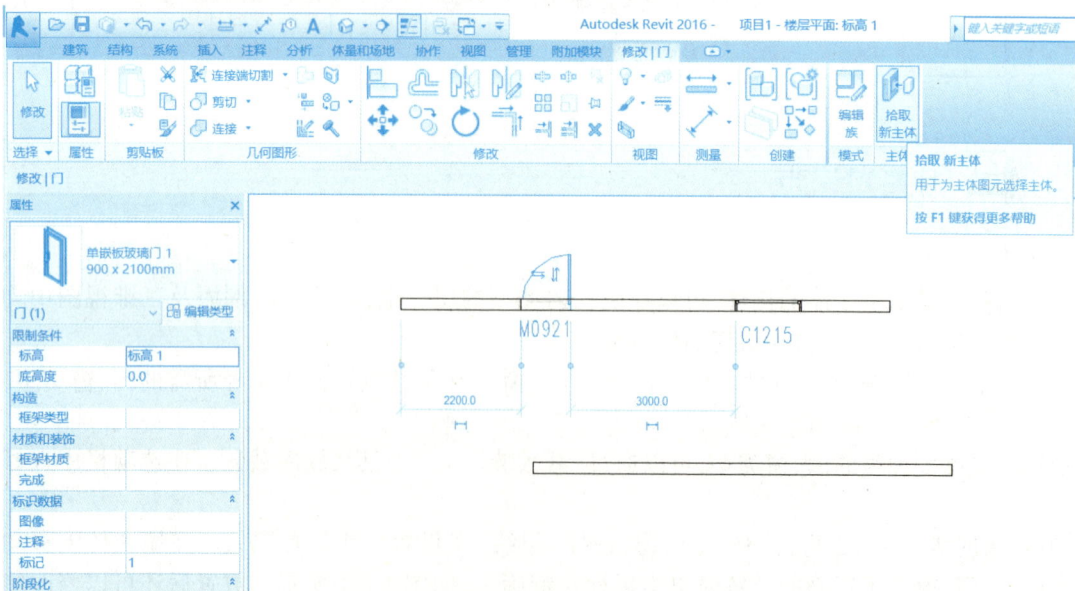

图 1-8-2

在平面放置窗时,其窗台高为默认窗台高参数值。在立面上,可以在任意位置放置窗。在放置窗族时,立面出现绿色虚线,此时窗台高为默认窗台高参数值,如图 1-8-3 所示。(默认窗台高度仅控制窗在平面中放置时的初始底高度,无法调整已经放置好的窗体底高度。)

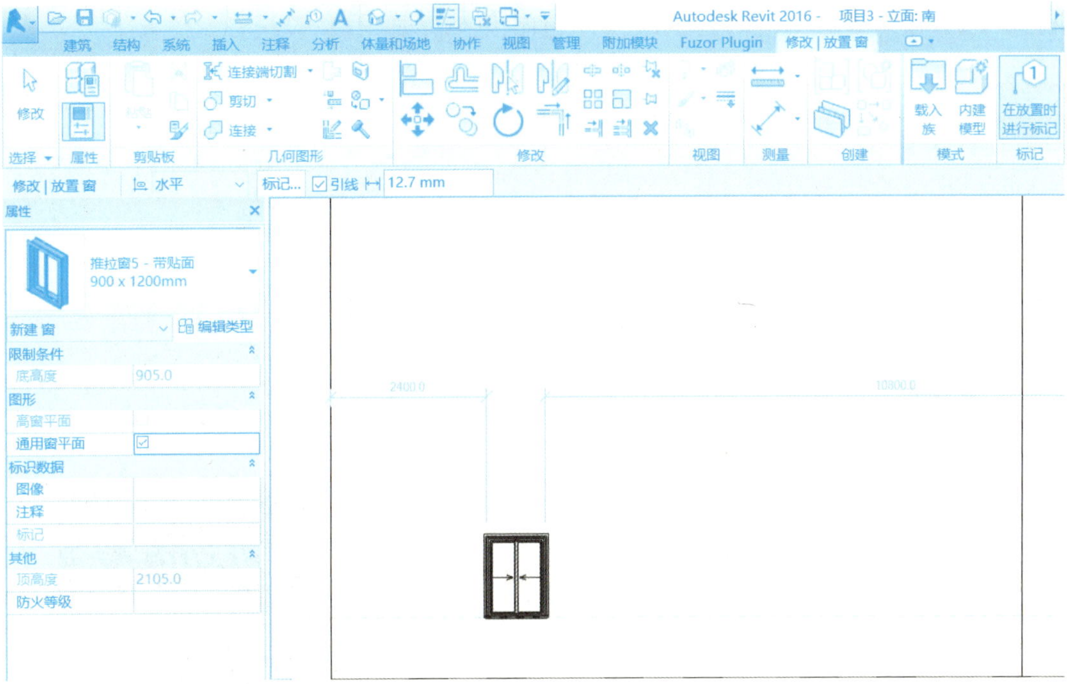

图 1-8-3

知识点 2:编辑门

(1)门的实例属性参数

选择门,在属性浏览器中可以通过改变"限制条件"分组中的"标高"来定位放置门的标高,修改"底高度"可以更改门底边至相应标高的距离,正值为向上偏移,负值为向下偏移,如图 1-8-4 所示。

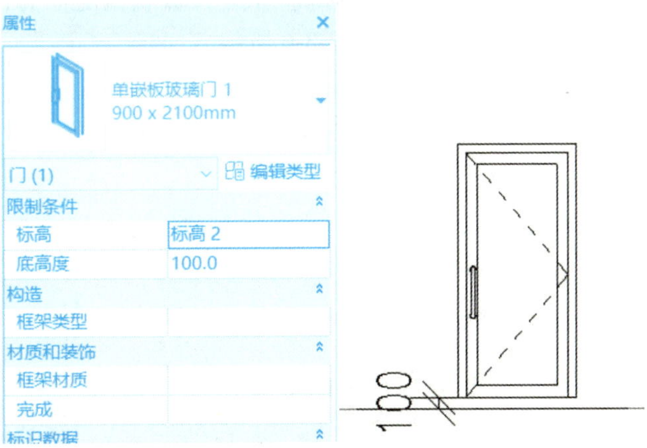

图 1-8-4

（2）门的类型属性参数

选择门，单击属性浏览器中的"编辑类型"按钮，在弹出的"类型属性"对话框中，修改"尺寸标注"分组中的"高度""宽度"数据可以更改门的尺寸，修改"厚度"数据可以更改门板的厚度，各尺寸标注反映在门上的位置如图 1-8-5 右图所示。

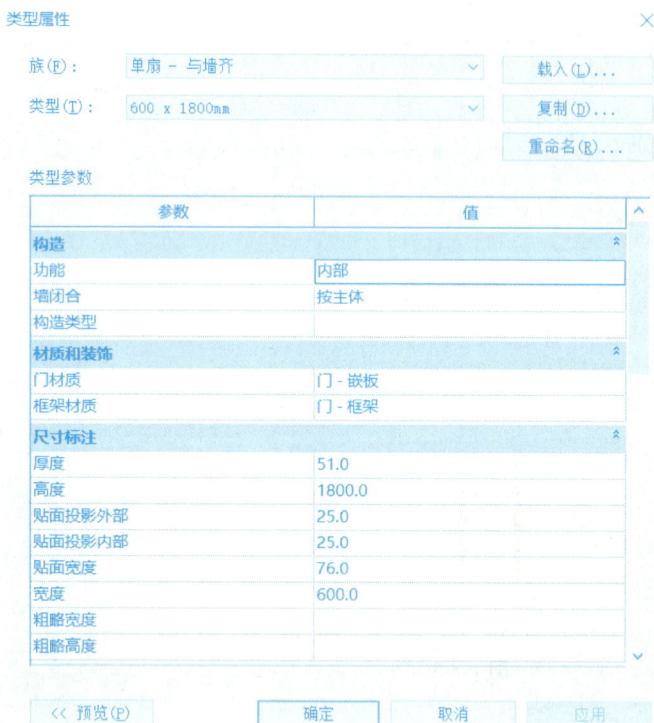

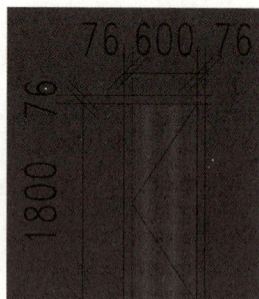

图 1-8-5

知识点 3：编辑窗

（1）窗的实例属性参数

选择窗，在属性浏览器中可以通过改变"标高"来定位放置窗的标高，修改"底高度"可以更改窗底边至平面的距离，即窗台高度，如图 1-8-6 所示。

图 1-8-6

（2）窗的类型属性参数

与门的操作相同，打开"类型属性"对话框后，可以在"材质和装饰"分组中更改窗各部分的材质,可以在"尺寸标注"分组中修改"高度""宽度"数据来修改窗的尺寸,如图 1-8-7 所示。

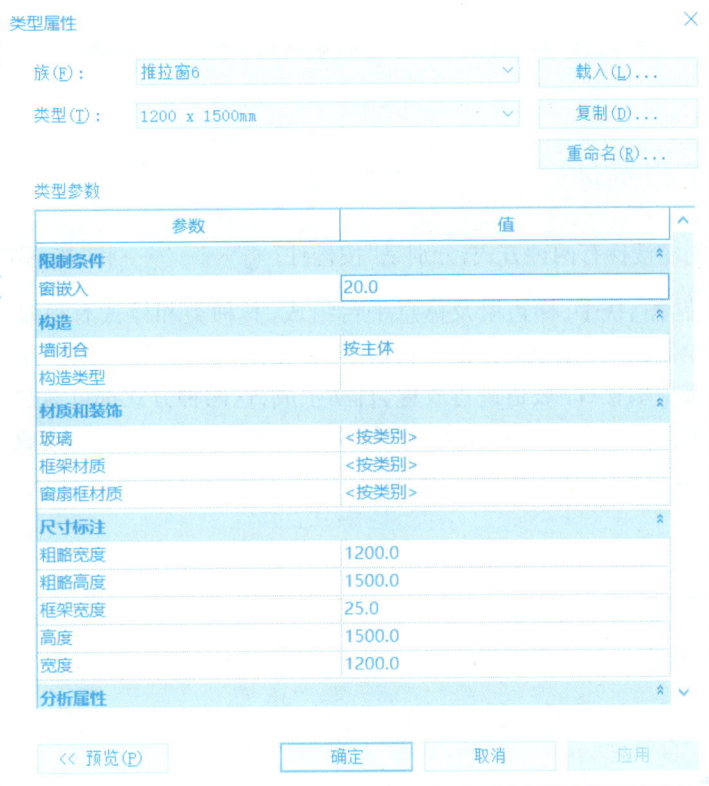

类型属性　　　　　　　　　　　　　　　　　　　　　　　　　×

族(F):　　　推拉窗6　　　　　　　　　　∨　　载入(L)...

类型(T):　　1200 x 1500mm　　　　　　　∨　　复制(D)...

　　　　　　　　　　　　　　　　　　　　　　　重命名(R)...

类型参数

参数	值	
限制条件		⌃
窗嵌入	20.0	
构造		⌃
墙闭合	按主体	
构造类型		
材质和装饰		⌃
玻璃	<按类别>	
框架材质	<按类别>	
窗扇框材质	<按类别>	
尺寸标注		⌃
粗略宽度	1200.0	
粗略高度	1500.0	
框架宽度	25.0	
高度	1500.0	
宽度	1200.0	
分析属性		⌃ ⌄

<< 预览(P)　　　　　　确定　　　取消　　　应用

图 1-8-7

典型工作环节 9　绘制楼梯、栏杆扶手

🛠 典型工作描述

在 Revit 中,创建楼梯有两种方式,分别是"按构件"🪜楼梯(按构件) 和"按草图"▦ 楼梯(按草图)。楼梯主要由踢面、踏面、扶手、梯边梁及休息平台组成,其种类和样式有很多。创建栏杆扶手也有两种方式:"绘制路径"是手动绘制,可以比较自由地编辑路径生成栏杆扶手;"放置在楼梯/坡道上"是直接拾取楼梯/坡道进行放置,自动生成,这两种方式都可通过后期编辑达到实际项目需求。本工作环节需要掌握楼梯和栏杆扶手的创建及编辑方式,完成实例工程楼梯和栏杆扶手的绘制。

📋 学习目标

(1)掌握楼梯的创建及编辑方式;
(2)掌握栏杆扶手的创建及编辑方式。

📖 任务书

识读实例工程图纸,完成图 1-9-1 所示楼梯、栏杆扶手的绘制。

图 1-9-1

🖥 工作准备

(1)识读实例工程图纸,了解项目所包含的楼梯、栏杆扶手的位置、高度、边界;
(2)了解楼梯、栏杆扶手的绘制规则。

工作任务实施

工作任务 1：按图 1-9-2 所示绘制楼梯。

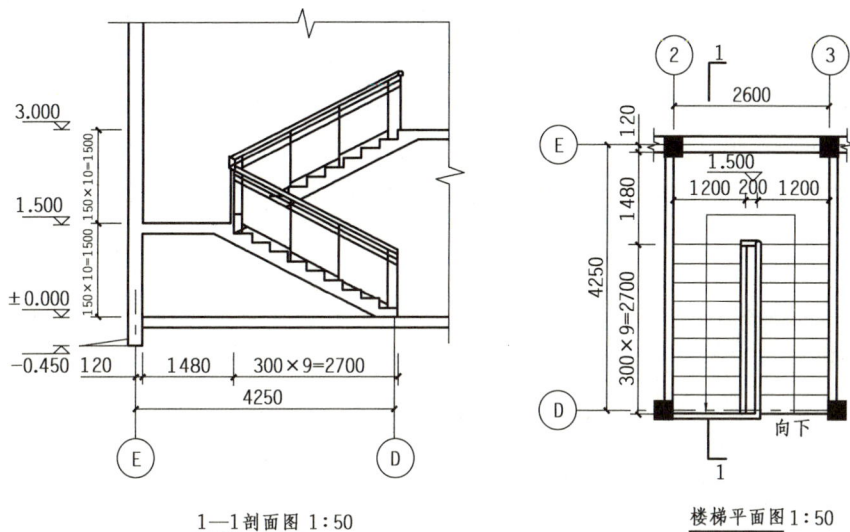

1—1 剖面图 1:50

楼梯平面图 1:50

图 1-9-2

工作任务 2：根据图 1-9-3 给定数据创建楼梯与栏杆扶手，扶手截面为 50 mm×50 mm，高度为 900 mm，栏杆截面为 20 mm×20 mm，栏杆间距为 280 mm，未标明尺寸不作要求，楼梯整体材质为混凝土。（BIM 等级考试第九期第二题）

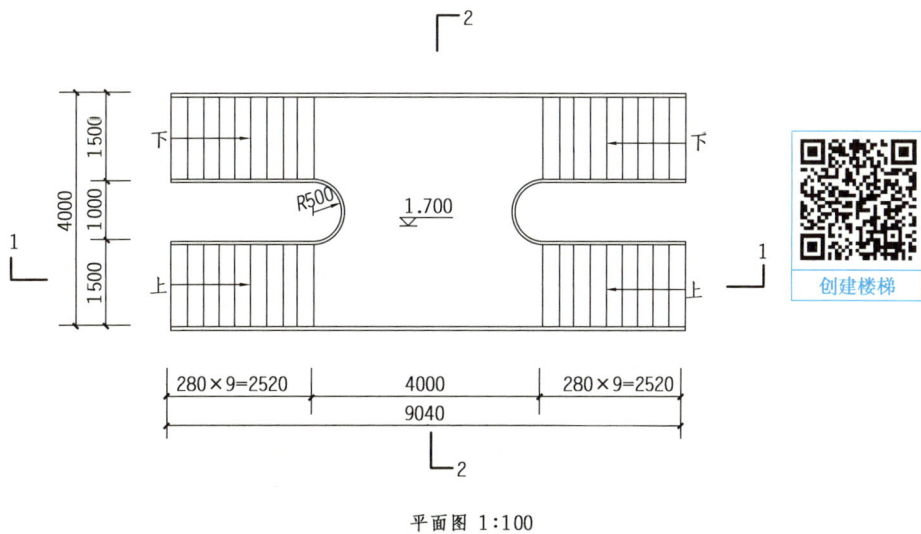

创建楼梯

平面图 1:100

图 1-9-3

👍 评价反馈

工作任务评价与分析

评价项目	评价标准	参考分值	得分
楼梯的创建	楼梯属性设置正确 楼梯创建正确	50	
栏杆的创建	栏杆属性设置正确 栏杆绘制正确	30	
扶手的创建	扶手属性设置正确 扶手绘制正确	20	
总评			

📋 相关知识点

知识点1:创建直梯

使用"建筑样板"新建项目,进入标高1楼层平面视图,单击"建筑"选项卡→"楼梯坡道"面板→"楼梯",如图1-9-4所示。使用"修改|创建楼梯"上下文选项卡→"构件"面板→"梯段"工具创建楼梯,绘制方式为"直梯"，勾选选项栏"自动平台" ☑自动平台,如图1-9-5所示。

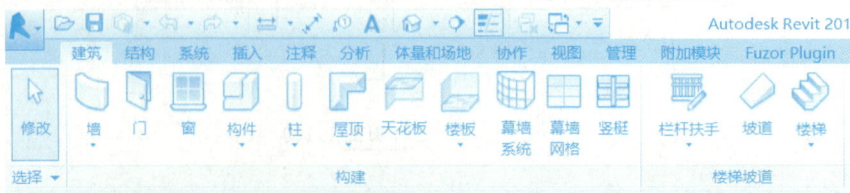

图 1-9-4

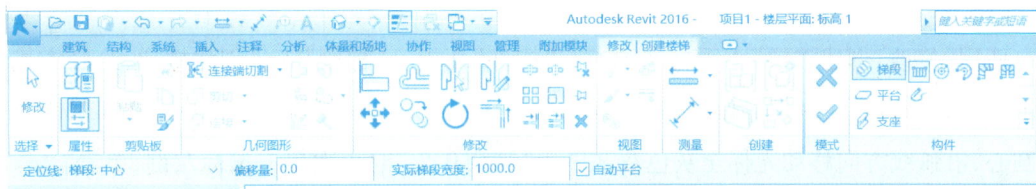

图 1-9-5

在绘图区域单击鼠标左键,垂直向上移动光标,当灰色数字显示"剩余 0 个"时再次单击鼠标左键,单击"✓",完成直梯的创建,如图 1-9-6 所示。切换至三维视图查看模型,如图 1-9-7 所示。

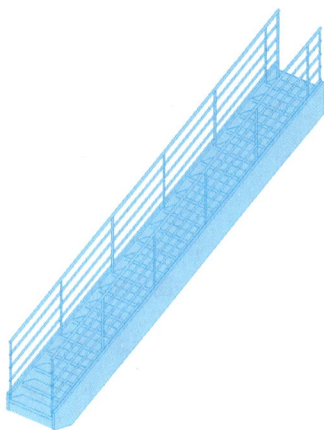

图 1-9-6　　　　　　　　　　　图 1-9-7

知识点 2:创建弧形楼梯

（1）绘制全踏步螺旋楼梯

使用"修改|创建楼梯"上下文选项卡→"构件"面板→"梯段"工具创建楼梯,绘制方式为"全踏步螺旋" ⊙,勾选选项栏"自动平台" ☑自动平台,在绘制区域单击任意位置作为楼梯圆心,输入"1000"为半径,单击"✓",完成全踏步螺旋楼梯的创建,如图 1-9-8 所示。切换至三维视图查看模型,如图 1-9-9 所示。

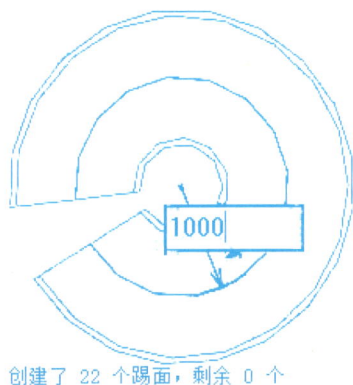

创建了 22 个踢面,剩余 0 个

图 1-9-8

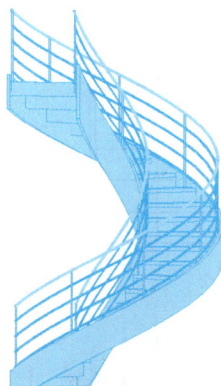

图 1-9-9

（2）绘制圆心—端点螺旋楼梯

使用"修改|创建楼梯"上下文选项卡→"构件"面板→"梯段"工具创建楼梯，绘制方式为"圆心—端点螺旋" ![icon]，勾选选项栏"自动平台" ☑自动平台，在绘制区域单击任意位置作为楼梯圆心，沿弧线方向移动光标至灰色数字显示"剩余 0 个"时再次单击鼠标左键，单击" ✔ "，完成圆心—端点螺旋楼梯的创建，如图 1-9-10 所示。切换至三维视图查看模型，如图 1-9-11 所示。

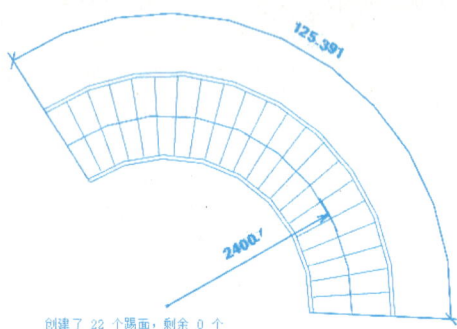

图 1-9-10

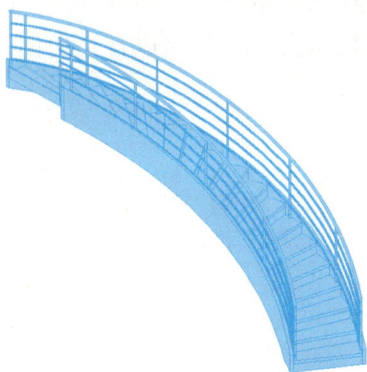

图 1-9-11

知识点 3：创建 L 形楼梯

使用"修改|创建楼梯"上下文选项卡→"构件"面板→"梯段"工具创建楼梯，绘制方式为"L 形转角" ![icon]，勾选选项栏"自动平台" ☑自动平台，在绘制区域任意位置单击空格键，可切换楼梯布置方向，然后进行放置，单击" ✔ "，完成 L 形楼梯的创建，如图 1-9-12 所示。切换至三维视图查看模型，如图 1-9-13 所示。

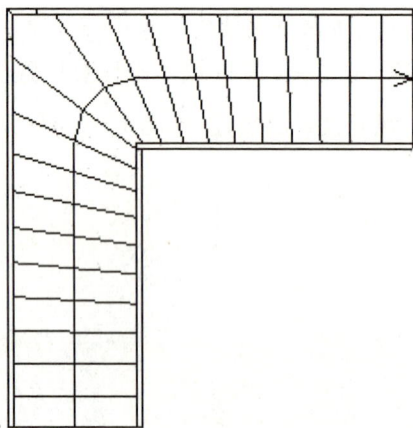

图 1-9-12

图 1-9-13

知识点 4：创建 U 形楼梯

使用"修改|创建楼梯"上下文选项卡→"构件"面板→"梯段"工具创建楼梯，绘制方式为"U 形转角" ![icon]，勾选选项栏"自动平台" ☑自动平台，在绘制区域任意位置单击空格键，可切换

楼梯布置方向,然后进行放置,单击"✔",完成U形楼梯的创建,如图1-9-14所示。切换至三维视图查看模型,如图1-9-15所示。

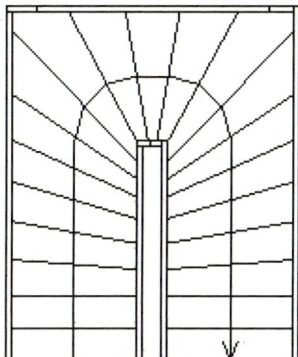

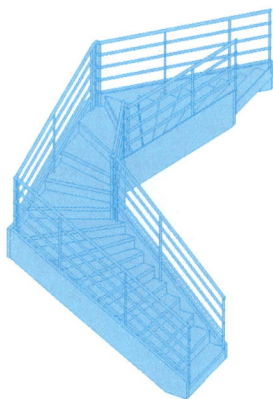

图1-9-14　　　　　　　　　　　　　　　　　图1-9-15

知识点5:按草图创建楼梯

单击"建筑"选项卡→"楼梯坡道"面板→"楼梯"下拉菜单→"楼梯(按草图)"(图1-9-16),进入"修改|创建楼梯草图"上下文选项卡,使用"绘制"面板上"边界"中的"直线"工具绘制边界,如图1-9-17、图1-9-18所示。

图1-9-16　　　　　　　　　　　　　图1-9-17

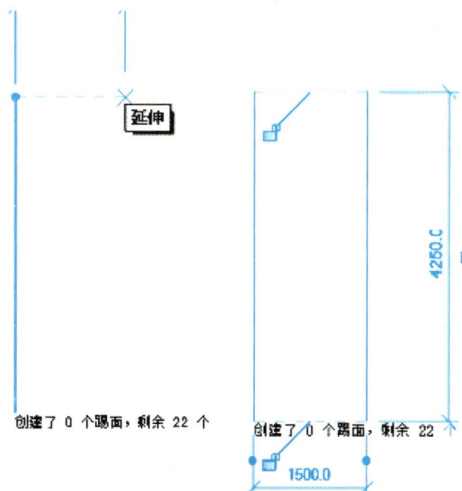

图1-9-18

再使用"绘制"面板上"踢面"中的"直线"工具(图 1-9-19)绘制所有踢面,如图 1-9-20 所示。在"修改 | 创建楼梯草图"上下文选项卡中,选择"工具"面板中的"翻转"工具可修改楼梯上下方向,单击"✔",完成踢面创建。切换至三维视图查看模型,如图 1-9-21 所示。

图 1-9-19

创建了 14 个踢面,剩余 8 个

图 1-9-20

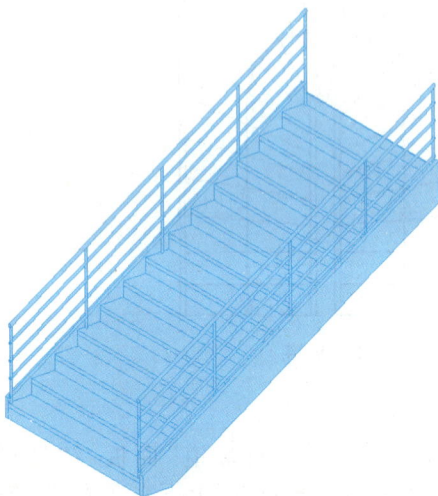

图 1-9-21

知识点 6:编辑楼梯

使用"建筑样板"新建项目,使用"梯段"中的"直梯"工具,在属性浏览器的"类型选择器"中选择楼梯类型,如图 1-9-22 所示。通过"限制条件"分组中的参数设置楼梯高度,如"底部标高"设置为"标高 1","顶部标高"设置为"标高 2",如图 1-9-23 所示。

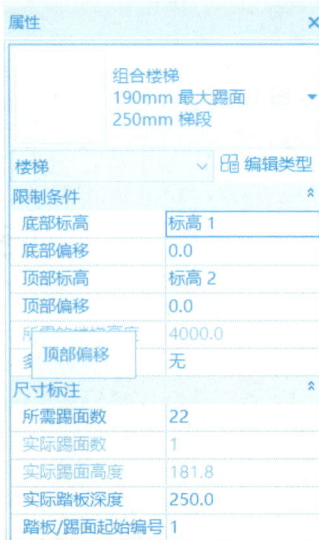

属性	×
楼梯 190mm 最大踢面 250mm 梯段	
搜索	🔍
楼梯	
190mm 最大踢面 250mm 梯段	
专用	
工业装配楼梯	
整体浇筑楼梯	
部分 M (已停用)	

图 1-9-22

图 1-9-23

在属性浏览器中,通过"尺寸标注"分组中的"所需踢面数"设置楼梯踢面数量、"实际踏板深度"设置踏板深度。在选项栏中设置"实际梯段宽度"的参数,通过设置"定位线"选择创建楼梯的路径,如"所需踢面数"为"22","实际踏板深度"为"250.0","定位线"为"梯段:左","实际梯段宽度"为"1 000.0",如图 1-9-23、图 1-9-24 所示。

图 1-9-24

在绘制区域单击鼠标左键,移动光标,当灰色数字显示"剩余 0 个"时,再次单击鼠标左键,单击"",完成直梯的创建,如图 1-9-25 所示。切换至三维视图查看模型,如图 1-9-26 所示。

图 1-9-25

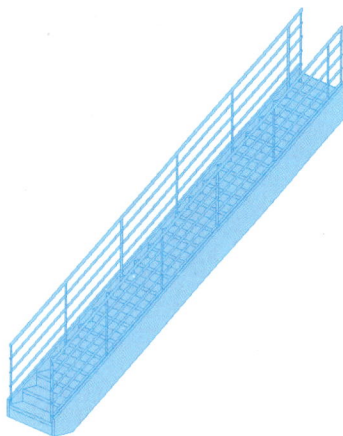

图 1-9-26

知识点 7:创建栏杆扶手

(1)通过"绘制路径"创建栏杆扶手

使用"建筑样板"新建项目,进入标高 1 楼层平面视图,选择"建筑"选项卡→"楼梯坡道"面板→"栏杆扶手"下拉菜单→"绘制路径"工具,如图 1-9-27 所示。

图 1-9-27

进入"修改|创建栏杆扶手路径"上下文选项卡,选择绘制方式为"直线"，在选项栏中不勾选"链",设置偏移量为"0.0",不勾选"半径",如图 1-9-28 所示。

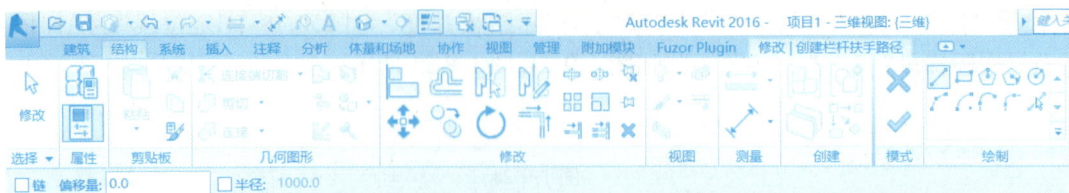

图 1-9-28

在属性浏览器的"类型选择器"中选择类型为"900 mm 圆管",在绘图区域绘制长 4 000 mm 的路径,如图 1-9-29 所示,单击"✔"完成绘制。切换至三维视图查看模型,如图 1-9-30 所示。

属性	
栏杆扶手 900mm 圆管	
栏杆扶手	编辑类型
限制条件	
底部标高	标高 1
底部偏移	0.0
踏板/梯边梁偏移	0.0
尺寸标注	
长度	0.0

4000.0

水平

图 1-9-29

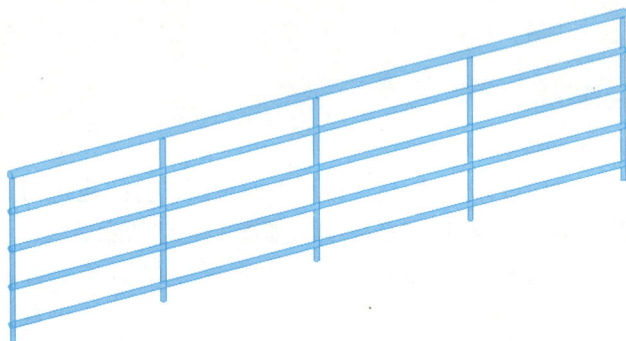

图 1-9-30

（2）通过"放置在主体上"创建栏杆扶手

选择"放置在主体上"工具,选择自动生成的栏杆扶手生成的位置,如图 1-9-31 所示。"踏板"和"梯边梁"只是决定栏杆扶手生成的位置,如果所选楼梯没有梯边梁,放置时会弹出警告,栏杆扶手会自动放置在踏板上。

图 1-9-31

知识点 8:编辑栏杆扶手

（1）编辑顶部扶栏

选择绘制的栏杆,单击属性浏览器中的"编辑类型"按钮,在弹出的"类型属性"对话框中复制出新类型,并命名为"1 100 mm 圆管",单击"确定"按钮,如图 1-9-32 所示。

图 1-9-32

修改"顶部扶栏"分组中"高度"值为"1 100.0",单击"类型"下拉列表选择"圆形-40 mm",如图 1-9-33 所示。如图 1-9-34 所示,双击"项目浏览器"→"族"→"栏杆扶手"→"顶部扶栏类型"→"圆形-40 mm",弹出顶部扶栏的"类型属性"对话框,修改设置后,单击"确定"按钮,完成顶部扶栏的设置,如图 1-9-35 所示。切换至三维视图查看模型,如图 1-9-36 所示。

顶部扶栏	
高度	1100.0
类型	圆形 - 40mm

图 1-9-33

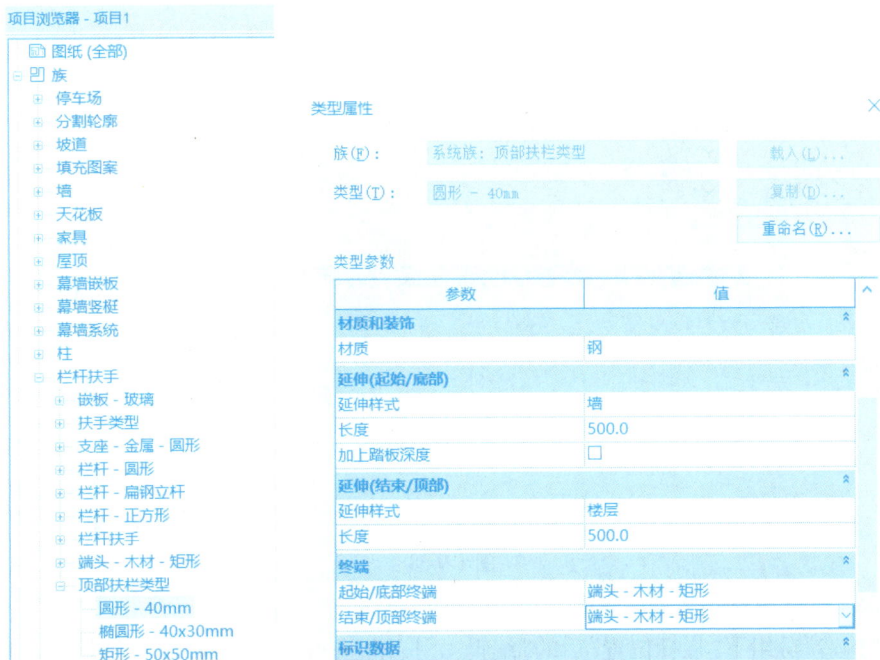

图 1-9-34　　　　　　　　　　图 1-9-35

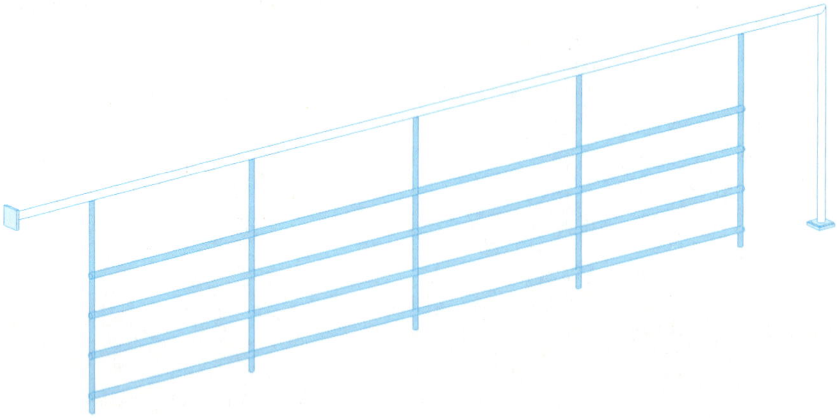

图 1-9-36

（2）编辑扶栏结构

选择绘制的栏杆，单击属性浏览器中的"编辑类型"按钮，弹出"类型属性"对话框，单击"构造"分组下"扶栏结构（非连续）"后的"编辑…"按钮，如图 1-9-37 所示。弹出如图 1-9-38 所示"编辑扶手（非连续）"对话框，将"扶栏 1"的"高度"值修改为"900.0"，单击"扶栏 2"一行中任意位置，单击"删除（D）"按钮，重复此操作，删除"扶栏 3"一行，完成后单击"确定"按钮，退出"扶栏结构（非连续）"对话框。

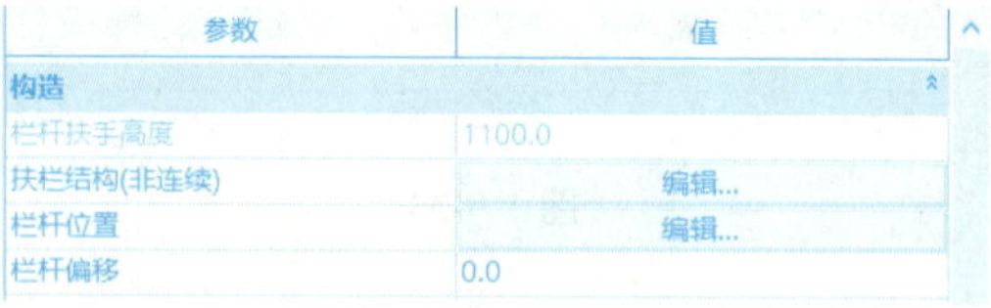

参数	值
构造	⌃
栏杆扶手高度	1100.0
扶栏结构(非连续)	编辑…
栏杆位置	编辑…
栏杆偏移	0.0

图 1-9-37

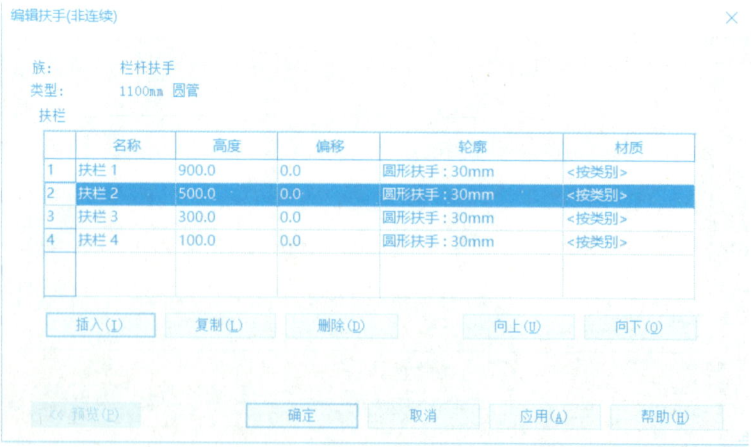

编辑扶手(非连续)　　　　　　　　　　　　　　　　　　×

族：　　　栏杆扶手
类型：　　1100mm 圆管
扶栏

	名称	高度	偏移	轮廓	材质
1	扶栏 1	900.0	0.0	圆形扶手：30mm	<按类别>
2	扶栏 2	500.0	0.0	圆形扶手：30mm	<按类别>
3	扶栏 3	300.0	0.0	圆形扶手：30mm	<按类别>
4	扶栏 4	100.0	0.0	圆形扶手：30mm	<按类别>

插入(I)	复制(L)	删除(D)		向上(U)	向下(O)

预览(P)	确定	取消	应用(A)	帮助(H)

图 1-9-38

（3）编辑扶栏位置

单击"构造"分组下"栏杆位置"后的"编辑…"按钮，进入"编辑栏杆位置"对话框，修改参数设置，如图 1-9-39 所示。完成后单击"确定"按钮两次，完成后的栏杆扶手样式如图 1-9-40 所示。

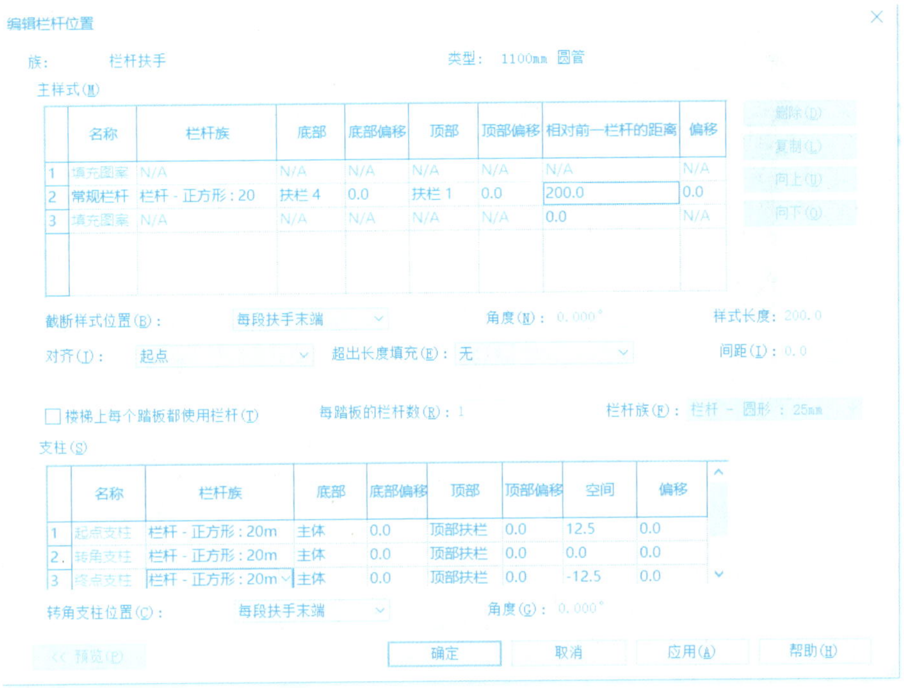

图 1-9-39

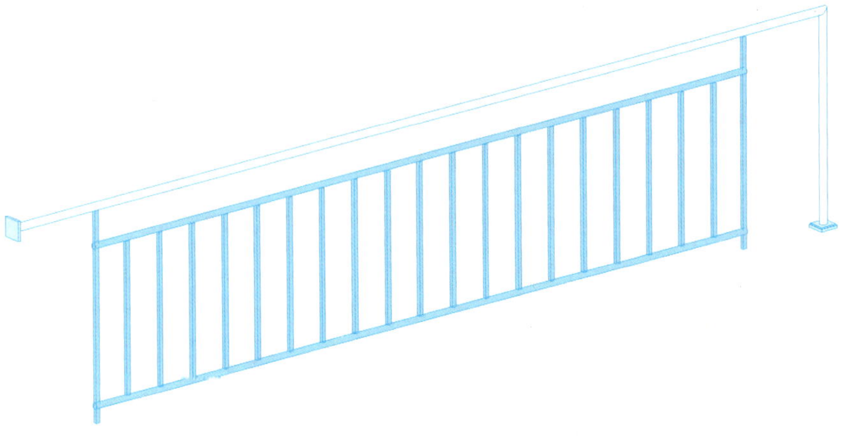

图 1-9-40

（4）编辑扶手

选择绘制的栏杆扶手，单击属性浏览器中的"编辑类型"按钮，在弹出的对话框中删除"扶栏结构（非连续）"内所有的扶手（图 1-9-41），并将顶部扶栏"类型"选择为"无"（图 1-9-42）。双击"项目浏览器"→"族"→"栏杆扶手"→"扶手类型"→"管道-墙式安装"（图 1-9-43），弹出"扶手类型"的"类型属性"对话框，修改参数如图 1-9-44 所示，完成后单击"确定"按钮完成扶手编辑。

选择绘制的栏杆扶手，单击属性浏览器中的"编辑类型"按钮，弹出"类型属性"对话框，修改参数如图 1-9-45 所示。切换至三维视图，完成后的栏杆扶手模型如图 1-9-46 所示。

编辑扶手(非连续)

族: 　栏杆扶手
类型: 　1100mm 圆管
扶栏

	名称	高度	偏移	轮廓	材质

插入(I) 　复制(L) 　删除(D) 　向上(U) 　向下(O)

图 1-9-41

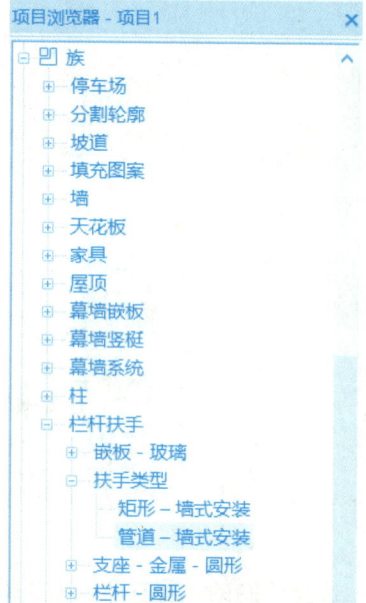

顶部扶栏	▲
高度	1100.0
类型	无

图 1-9-42

图 1-9-43

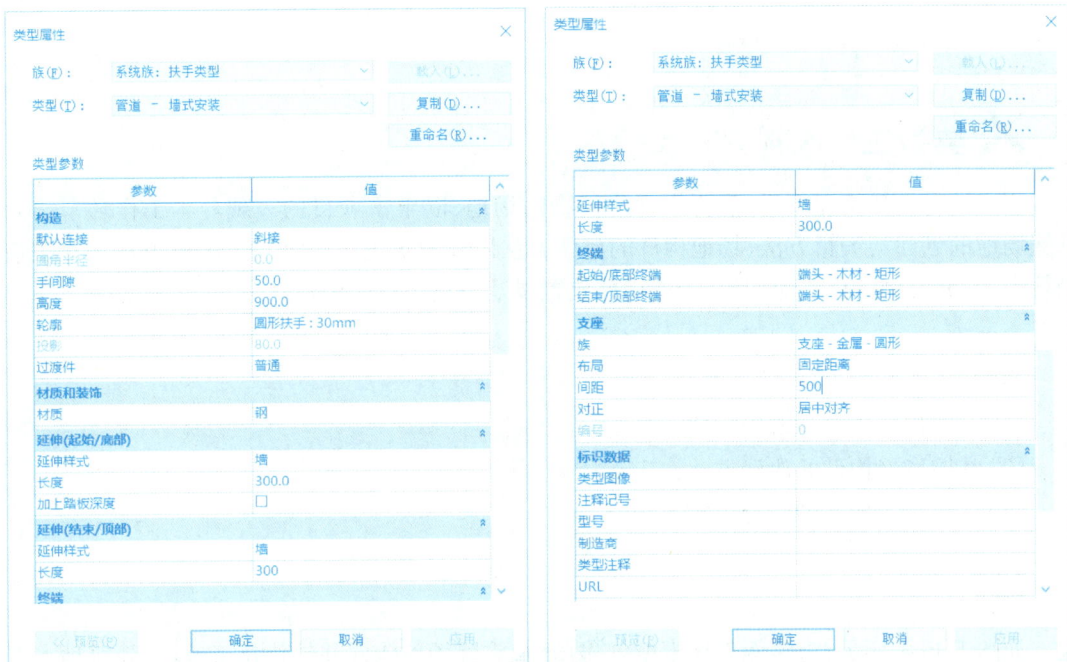

图 1-9-44

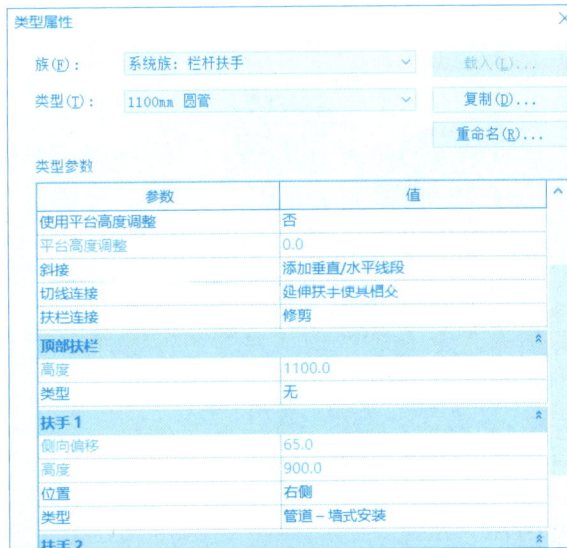

图 1-9-45

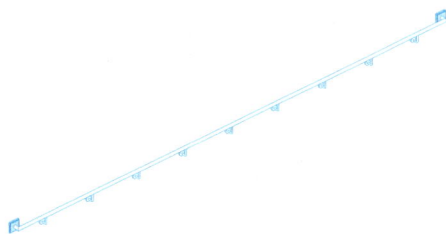

图 1-9-46

典型工作环节 10　场地与场地构件

✖ 典型工作描述

完成项目的三维建模后,需要绘制建筑物的场地,以丰富项目的表现。本工作环节需要掌握场地的创建与编辑方法、场地构件的放置方法以及建筑地坪的创建与编辑方法和相关应用技巧,完成实例工程场地创建、场地构件放置以及建筑地坪的创建。

学习目标

(1)掌握场地创建与编辑方法;
(2)掌握场地构件的放置方法;
(3)掌握建筑地坪创建与编辑方法。

任务书

如图 1-10-1 所示,为实例工程模型创建场地、放置场地构件并创建建筑地坪(建筑地坪要求:材质为碎石,厚度为 450 mm)。

图 1-10-1

工作准备

了解场地、地形以及建筑地坪的基本概念。

工作任务实施

工作任务 1：为实例工程模型创建场地。

工作任务 2：为实例工程模型放置场地构件。

工作任务 3：为实例工程模型创建建筑地坪(建筑地坪要求：材质为碎石,厚度为 450 mm)

评价反馈

工作任务评价与分析

评价项目	评价标准	参考分值	得分
场地创建与编辑	地形表面创建与编辑正确	30	
场地构件放置	场地构件的载入与放置正确	40	
建筑地坪创建与编辑	建筑地坪创建正确	30	
总评			

相关知识点

知识点 1：创建场地

(1)通过"放置点"的方式创建地形表面

进入场地楼层平面,单击"体量和场地"选项卡→"场地建模"面板→"地形表面"(图 1-10-2),进入"修改|编辑表面"上下文选项卡进行场地的创建。

图 1-10-2

如图 1-10-3 所示,选择"放置点"工具,进入放置地形高程点的状态。设置选项栏中的"高程"值为"−450.0",高程值形式为"绝对高程",即将要放置的高程点绝对标高为−0.45 m,如图 1-10-4 所示。设置好高程后,在绘图区域单击可放置高程点,如图 1-10-5 所示,完成后退出"放置点"工具。单击属性浏览器中"材质"右侧"<按类型>"后的□按钮,打开材质浏览器,搜索并将场地材质类型设置为"草",如图 1-10-6 所示,完成后单击"✔"完成创建。切换至三维视图,地形表面效果如图 1-10-7 所示。

图 1-10-3

图 1-10-4

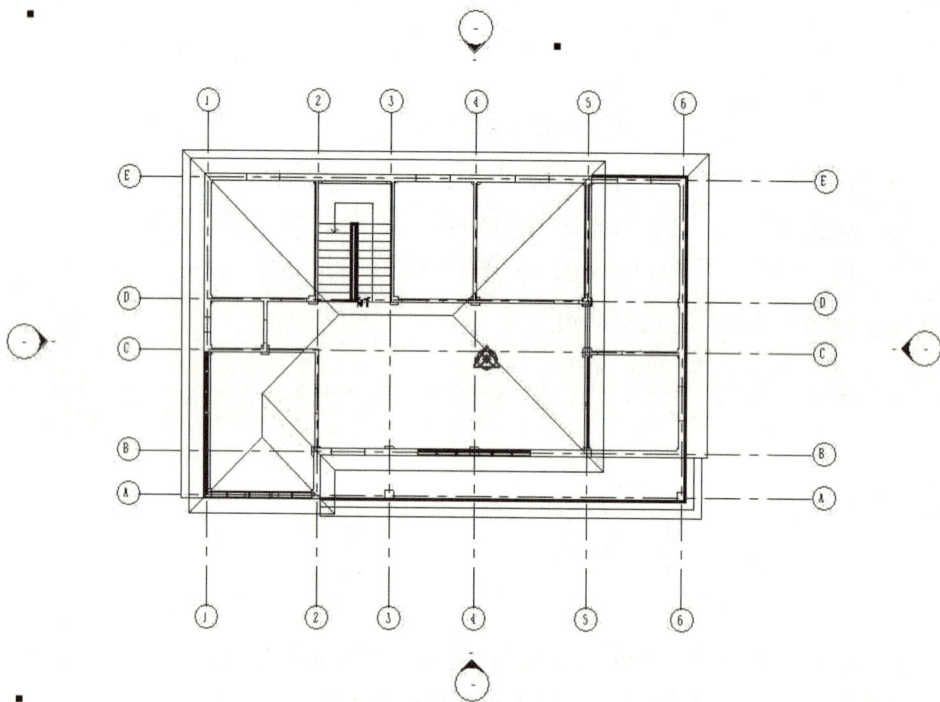

图 1-10-5

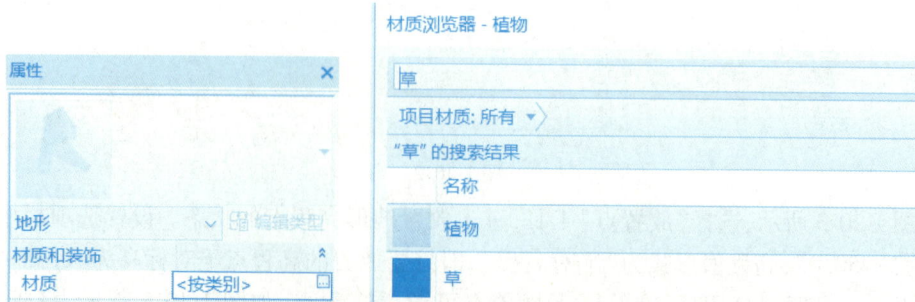

图 1-10-6

图 1-10-7

（2）通过导入测量数据的方式创建地形表面

通过"放置点"方式创建地形表面比较简单，适用于创建比较简单的场地地形表面。如果场地地形表面比较复杂，使用"放置点"方式就会比较麻烦。Revit 还提供了通过导入测量数据的方式创建地形表面的方法，可以根据以 DWG、DXF 或 DGN 格式导入的三维等高线数据自动生成地形表面。Revit 会分析数据并沿等高线放置一系列高程点。单击"体量和场地"选项卡→"场地建模"面板→"地形表面"，进入"修改|编辑表面"上下文选项

图 1-10-8

卡，单击"通过导入创建"下拉菜单中的"选择导入实例"（图 1-10-8），选择绘图区域中已导入的三维等高线数据，此时出现"从所选图层添加点"对话框，选择要应用高程点的图层，单击"确定"按钮即可。

知识点 2：修改场地

（1）拆分表面

拆分表面是指将一个地形表面拆分成两个地形表面，然后对每个地形表面进行编辑。拆分表面后，可以为这些表面指定不同的材质来表示道路、场地、水等，也可以删除地形表面的一部分，达到想要的地形。

选择"修改场地"面板中的"拆分表面"工具，如图 1-10-9 所示。此时状态栏提示"选择表面以拆分"，继续单击选择地形表面，进入"修改|拆分表面"上下文选项卡（1-10-10），绘制拆分表面边界，单击"✓"完成拆分，如图 1-10-11 所示。

图 1-10-9

图 1-10-10

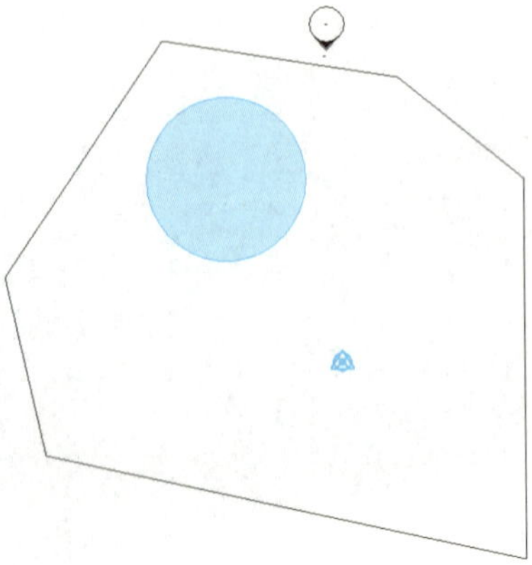

图 1-10-11

（2）合并表面

"合并表面"工具可以将单独的地形表面合并为一个表面。要合并的表面必须重叠或共享公共边。若要将多个地形表面合并，可以多次使用"合并表面"工具。如图 1-10-12 所示，选择"修改场地"面板中的"合并表面"工具，依次选择两个有交集的地形表面，完成合并，如图 1-10-13 所示。

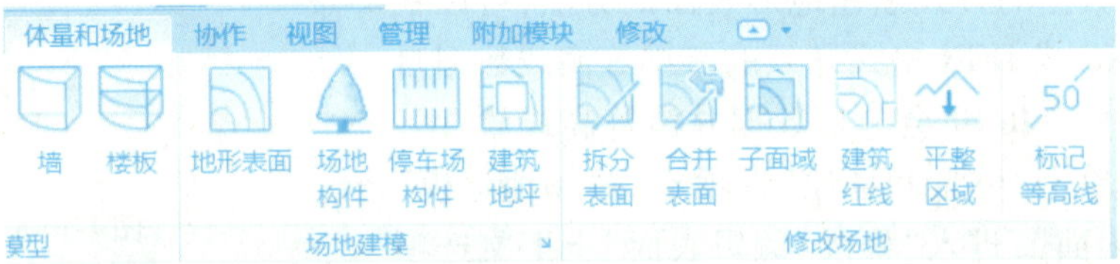

图 1-10-12

图 1-10-13

（3）子面域

子面域是在现有地形表面中绘制的区域，不会生成单独的表面。例如，可以使用子面域在平整表面上绘制道路，并且将道路定义为不同属性（例如材质）。

如图 1-10-14 所示，选择"修改场地"面板中的"子面域"工具，绘制子面域的边界如图 1-10-15 所示，单击"✓"完成绘制。注意：线必须在闭合的环内。

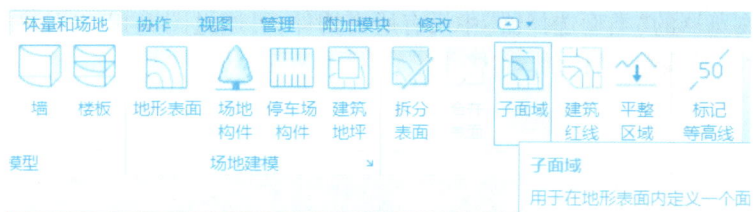

图 1-10-14

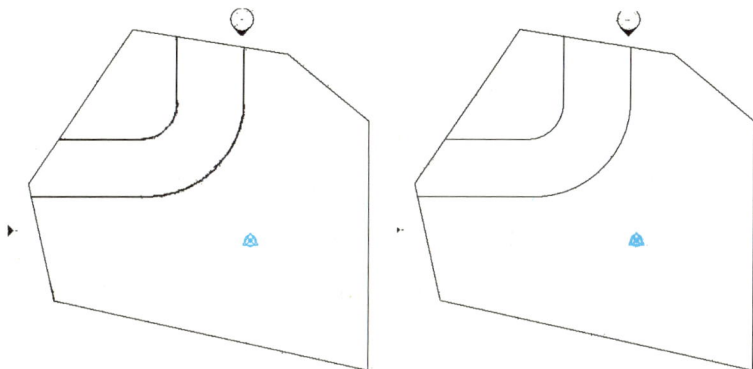

图 1-10-15

知识点 3：放置构件

Revit 提供了"场地构件"工具，可以为场地添加喷水池、停车场、树木等构件。这些构件都依赖于项目载入的族构件，必须先将族构件载入项目中才能使用。进入场地楼层平面，选择"场地建模"面板中的"场地构件"工具，如图 1-10-16 所示。在属性浏览器的"类型选择器"中选择所需构件（图 1-10-17），在绘图区域单击放置构件。

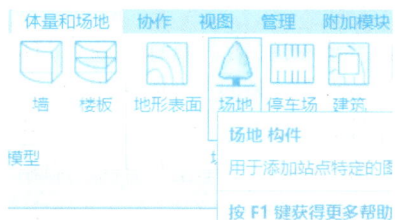

图 1-10-16

图 1-10-17

　　如果属性浏览器的"类型选择器"中没有所需构件,可通过图 1-10-18 所示方式,单击"载入族",从族库中选择需要的构件。

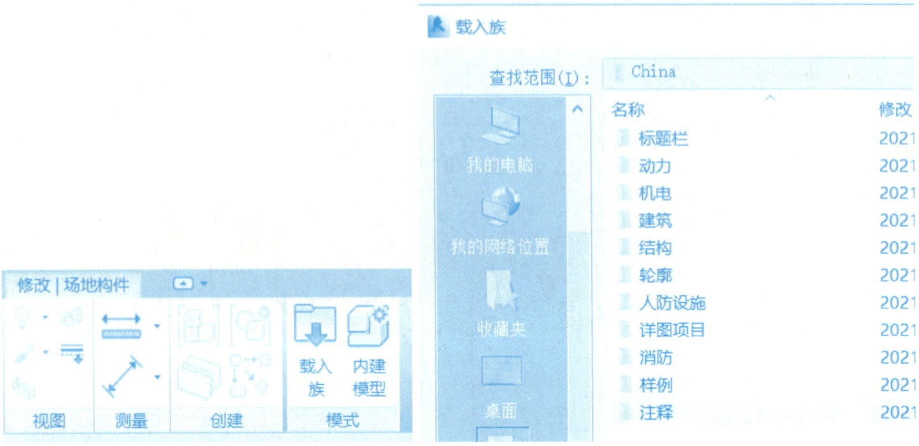

图 1-10-18

知识点 4:创建与编辑建筑地坪

　　进入场地楼层平面,选择"场地建模"面板中的"建筑地坪"工具,如图 1-10-19 所示。在"绘制"面板中选择"边界线"(图 1-10-20),并选择所需的绘制方式绘制建筑地坪边界,如采用"拾取墙"方式,依次拾取图 1-10-21 所示墙体,形成一个封闭且没有重叠与交叉的框。

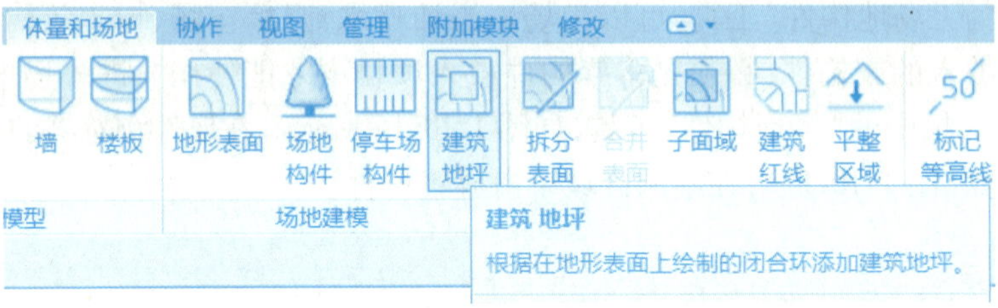

图 1-10-19

图 1-10-20

　　在属性浏览器中,"限制条件"分组中的"标高"选择创建建筑地坪标高为"标高 1"。"自标高的高度偏移"值输入为"-450.0",可以将建筑地坪自标高向下偏移 450 mm,如图 1-10-22 所示。单击"编辑类型"按钮,弹出"类型属性"对话框,单击"复制(D)…",复制一个新的建筑地坪类型,命名为"建筑地坪-实例工程",如图 1-10-23 所示。单击"结构"右侧的"编辑…"按钮(图 1-10-24),弹出材质浏览器,搜索"碎石",选择"场地-碎石",单击"确定"按钮,如图 1-10-25 所示。将结构层厚度修改为"450.0",如图 1-10-26 所示,单击"确定"按钮完成建筑地坪的编辑,单击"✔"完成绘制,结果如图 1-10-27 所示。

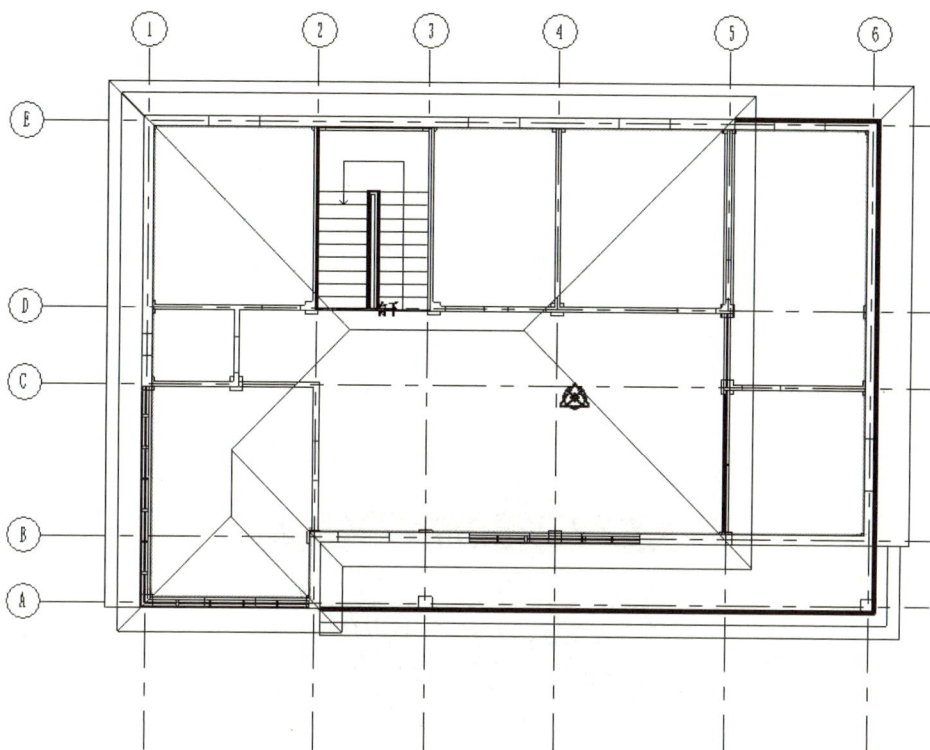

图 1-10-21

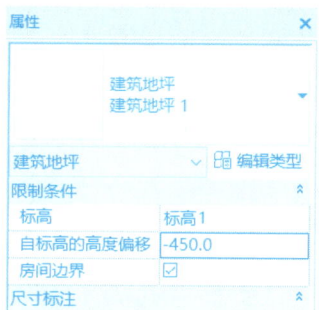

图 1-10-22

图 1-10-23

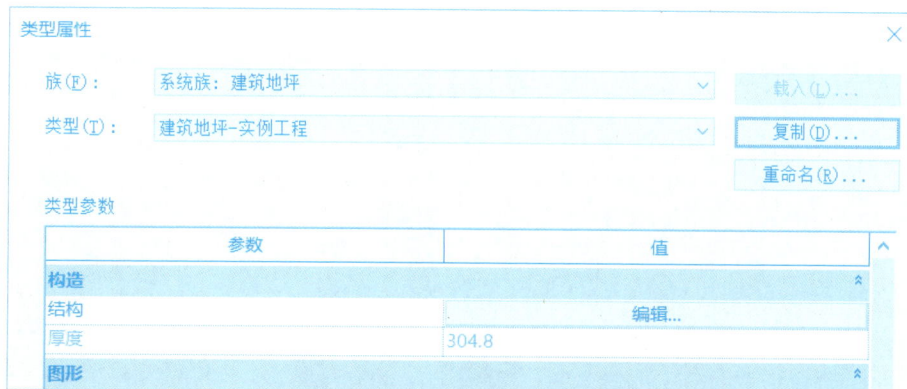

图 1-10-24

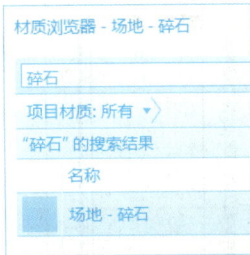

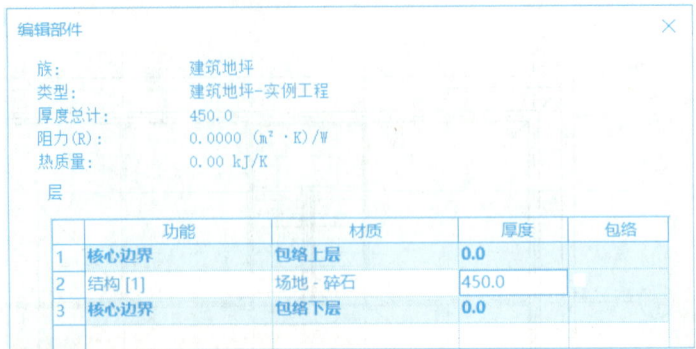

	功能	材质	厚度	包络
1	**核心边界**	**包络上层**	**0.0**	
2	结构 [1]	场地 - 碎石	450.0	
3	**核心边界**	**包络下层**	**0.0**	

图 1-10-25　　　　　　　　　　　图 1-10-26

图 1-10-27

项目 2　模型成果输出

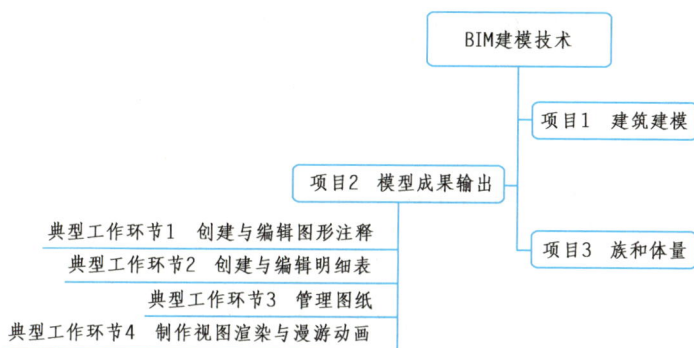

```
                              ┌──────────────┐
                              │  BIM建模技术  │
                              └──────┬───────┘
                                     │
                                     │      ┌──────────────┐
                                     ├──────│ 项目1　建筑建模 │
                                     │      └──────────────┘
        ┌────────────────┐           │
        │ 项目2　模型成果输出 │──────────┤
        └────────────────┘           │
                                     │      ┌──────────────┐
  典型工作环节1　创建与编辑图形注释            └──────│ 项目3　族和体量 │
    典型工作环节2　创建与编辑明细表                   └──────────────┘
      典型工作环节3　管理图纸
  典型工作环节4　制作视图渲染与漫游动画
```

学习目标

1. 掌握标记、标注、注释的创建与编辑方法；
2. 掌握明细表的编辑方法与创建原则；
3. 掌握图纸的创建与管理方法；
4. 掌握视图渲染的方法；
5. 掌握漫游动画的制作方法。

能力目标

1. 具备对模型进行标记、标注与注释的能力；
2. 具备创建明细表的能力；
3. 具备创建图纸的能力；
4. 具备对建筑模型进行渲染和漫游动画制作的能力。

素质目标

1. 具备发现问题、分析问题及解决问题的能力；
2. 具备审美、评判、改进的能力；
3. 具备诚信、敬业、科学、严谨的工作态度和较强的法律法规、安全、质量及环保意识。

典型工作环节 1　创建与编辑图形注释

✕ 典型工作描述

利用 Revit 完成建模后,可以在不同的视图中添加尺寸标注、高程点、文字、符号等注释信息,对平面图、立面图和剖面图等按出图标准进行注释。本工作环节需要掌握尺寸标注的方法,掌握平面图、立面图和剖面图的注释方法,完成实例工程的注释。

学习目标

(1)掌握尺寸标注的方法;
(2)掌握平面图、立面图和剖面图的注释方法。

任务书

按照实例工程图纸,完成平面图、立面图和剖面图的注释。
(1)平面图注释:添加尺寸标注、符号和高程点;
(2)立面图注释:轮廓线加粗、标高标注;
(3)剖面图注释:剖面图生成、注释。

工作准备

(1)识读实例工程图纸,了解该模型成果输出所需的注释信息;
(2)查阅规范,掌握平面图、立面图与剖面图注释的创建原则。

工作任务实施

工作任务 1:临时尺寸标注与永久尺寸标注的方法。

_____

_____

_____

工作任务 2:添加符号(标高符号、坡度符号、指北针等)。

_____

_____

_____

工作任务 3:立面图和剖面图的注释方法。

_____

_____

_____

👍 评价反馈

工作任务评价与分析

评价项目	评价标准	参考分值	得分
标记、标注与注释的分类	标记、标注与注释分类准确	30	
标记、标注与注释的编辑	标记、标注与注释的编辑符合要求	40	
标记、标注与注释的创建	标记、标注与注释的创建符合要求	30	
总评			

相关知识点

知识点 1：临时尺寸标注

当创建或选择几何图形时，图元周围会显示蓝色临时尺寸标注，如图 2-1-1 所示。使用临时尺寸标注可以动态控制模型中图元的放置。

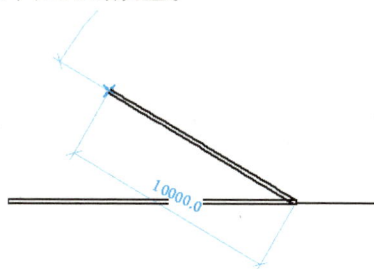

图 2-1-1

如图 2-1-2（a）所示，单击需要修改的尺寸数值，在弹出的框中进行修改，按"Enter"键或单击空白区域确认修改，所选构件将会进行相应移动，如图 2-1-2（b）所示。

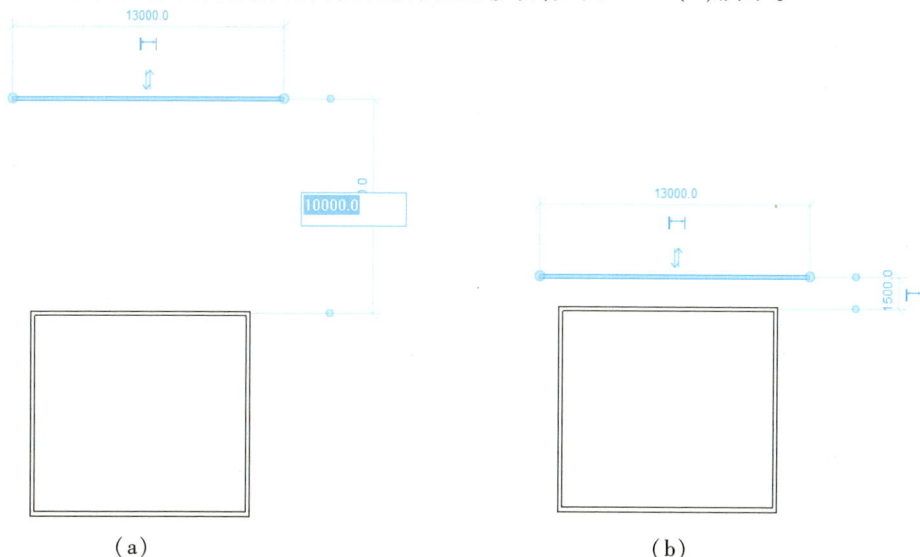

（a）   （b）

图 2-1-2

①修改临时尺寸标注参照：临时尺寸标注可修改其标注的参照，如图 2-1-3 所示，想要知道所选图元至最下方边线的距离，选中参照边上的拖拽点，按住鼠标左键拖拽光标至要修改的边松开即可。拖拽至边时，该边会亮显，表示捕捉到该边。

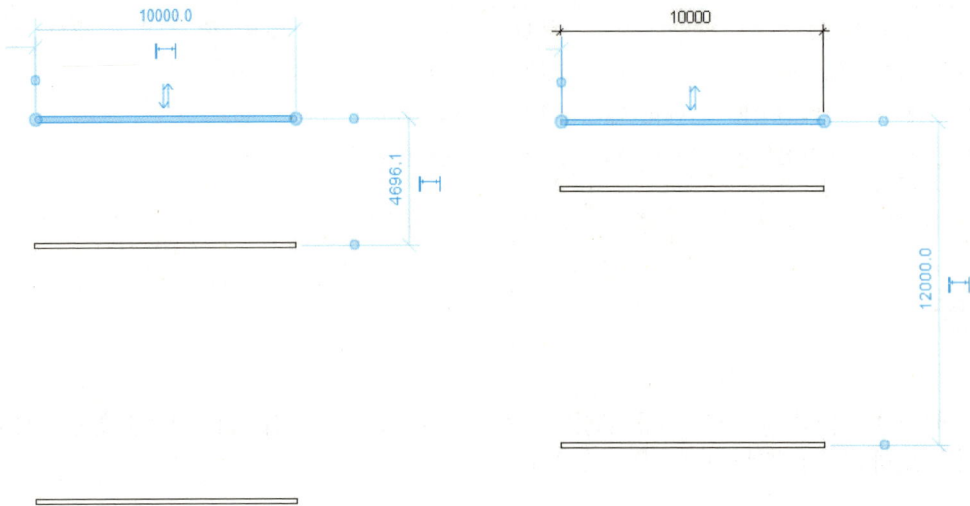

图 2-1-3

②临时尺寸变永久尺寸：由于临时尺寸在图元未选中的状态下不显示，所以可以将临时尺寸标注变为永久尺寸标注，这样在图元未选中的状态下，也可查看其与其他图元之间的距离。单击临时尺寸标注下方的 ⊢⊣，即可进行转换，注意此过程不可逆。

知识点 2：永久尺寸标注

施工图纸中要完整地表达图形信息，需要对构件进行尺寸标注。一般平面图中需进行三道尺寸线的标注，包括第一道总尺寸、第二道轴线尺寸、第三道细部尺寸，同时还需要添加必要的符号，如高程、屋面坡度、指北针等。Revit 提供了 6 种不同形式的尺寸标注（对齐、线性、角度、半径、直径、弧长）与 3 种高程标注，如图 2-1-4 所示。它们属于视图专有图元，可以在图纸上打印。

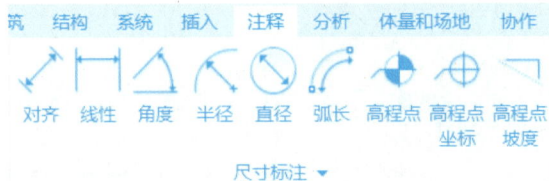

图 2-1-4

(1) 对齐标注

单击"对齐"，依次选择需要标注的平行图元，选择完成后在空白处单击鼠标左键一次确定标注的放置位置，如图 2-1-5 所示。若要连续标注，继续选择要标注的图元即可。

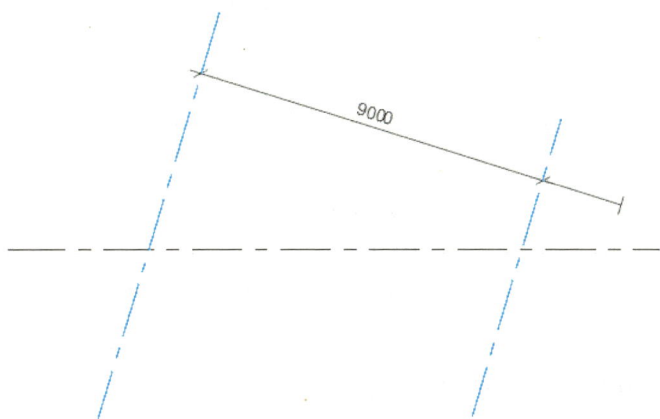

图 2-1-5

（2）线性标注

单击"线性"，选择要标注的点，光标在两点之间左右移动标注的为其垂直距离，上下移动标注的为其水平距离，如图 2-1-6 所示。

（3）角度标注

单击"角度"，选择要标注的图元，光标在各象限移动确定其标注位置，如图 2-1-7 所示。

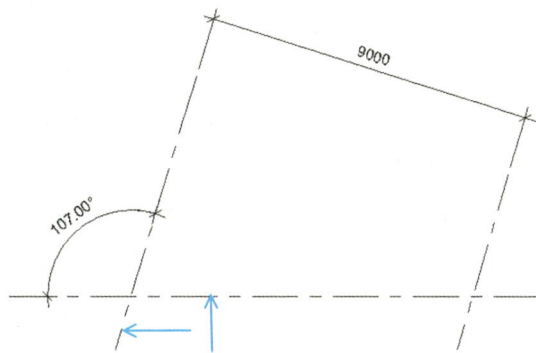

图 2-1-6　　　　　　　　　　　图 2-1-7

（4）半径标注

单击"半径"，选择要标注的弧线，在空白处单击鼠标左键确定其位置，如图 2-1-8 所示。

（5）直径标注

单击"直径"，选择要标注的弧线，在空白处单击鼠标左键确定其位置，如图 2-1-9 所示。

（6）弧长标注

单击"弧长"，选择要标注的弧线，再选择要标注的弧线端点，然后在空白处单击鼠标左键确定其位置，如图 2-1-10 所示。

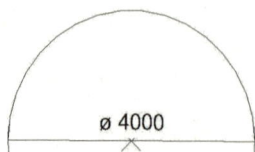
图 2-1-8

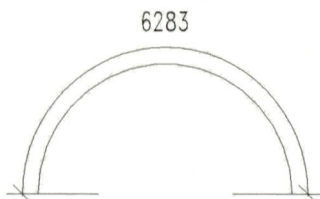
图 2-1-9

图 2-1-10

(7)高程点标注

单击"高程点",在选项栏进行相关修改。

①不带引线与水平段:在要标注的平面上单击选择测量点后,再次单击确定方向即可,如图 2-1-11 所示。

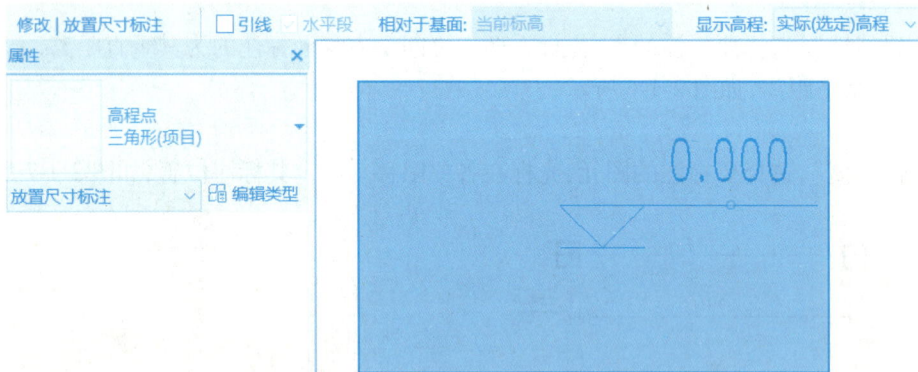
图 2-1-11

②带引线不带水平段:勾选"引线"后,在要标注的平面上选择测量点,然后将光标移到图元外,单击确定引线终点即可,如图 2-1-12 所示。

图 2-1-12

③带引线和水平段:勾选"引线"及"水平段"后,在要标注的平面上选择测量点,然后将光标移到图元外,单击确定引线终点,最后再单击确定水平段终点即可,如图 2-1-13 所示。

图 2-1-13

（8）高程点坐标

其标注方式与高程点一致，如图 2-1-14 所示。

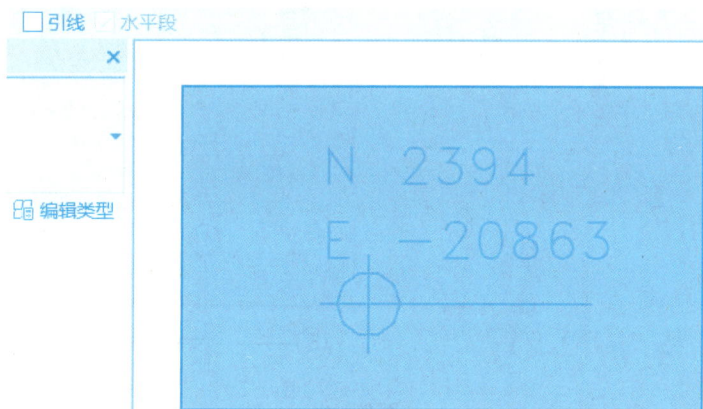

图 2-1-14

（9）高程点坡度

单击"高程点坡度"，直接选择测量点即可，如图 2-1-15 所示。

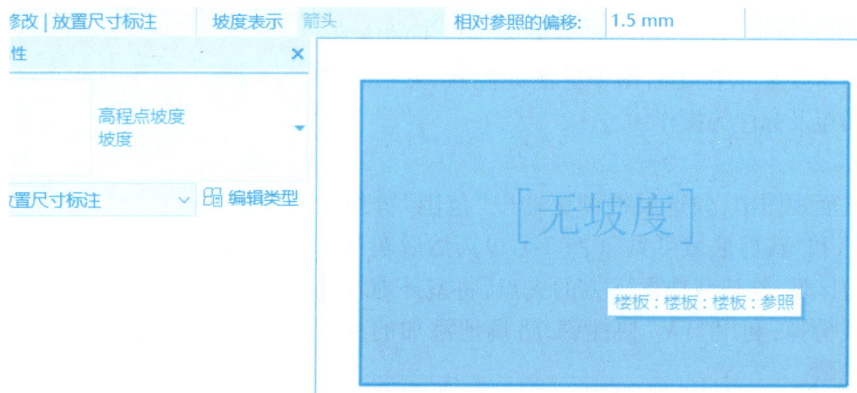

图 2-1-15

知识点 3：添加指北针

单击"注释"选项卡→"符号"面板→"符号" 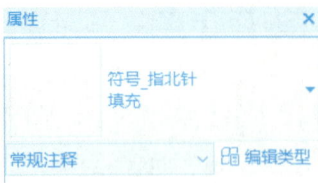，在属性浏览器中选择"符号_指北针填充"（图 2-1-16），再在选项栏中勾选"放置后旋转"（图 2-1-17）。

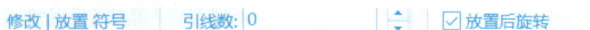

图 2-1-16   图 2-1-17

在绘制区域右上角位置单击鼠标左键确定放置点，然后输入旋转角度确定指北针角度，如图 2-1-18 所示。

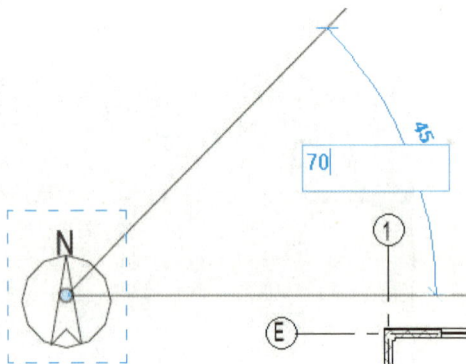

图 2-1-18

知识点 4：立面图注释

按照我国的制图标准，立面图应进行标高标注，立面图的轮廓线应加粗。建筑立面图主要反映建筑的高度信息、门窗位置信息及室外台阶、坡道信息等，一般不显示场地的植物及室外地坪以下的内容，因此要将不需要显示在立面图中的图元隐藏，然后再进行轮廓线加粗及标注等操作。

（1）隐藏不需要显示的图元

在南立面视图中，勾选属性浏览器中"范围"分组的"裁剪视图"和"裁剪区域可见"（图 2-1-19），然后在视图中调节裁剪区域，拖拽裁剪框下方的夹点，将室外地坪以下的部分裁剪掉；利用"VV"快捷键，将场地添加的构件图元进行隐藏。

图 2-1-19

（2）加粗轮廓线

选择"注释"选项卡→"详图"面板→"详图线"工具，将自动切换至"修改|放置详图线"上下文选项卡，设置"线样式"类型为"宽线"，如图 2-1-20 所示。拾取南立面视图墙体外轮廓线，此时外轮廓线将自动变为宽线，设置完成后按"Esc"键退出放置详图线模式。

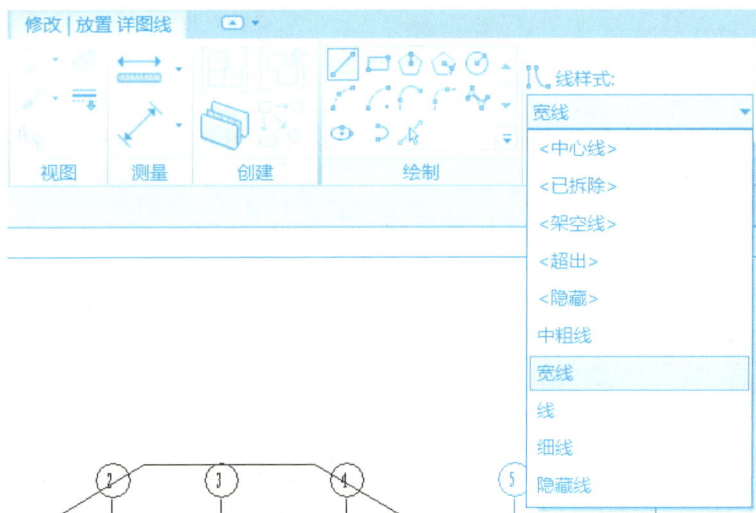

图 2-1-20

（3）尺寸标注

利用尺寸标注的方法对立面图进行层高及总高度标注，并对窗台底进行标高标注。

（4）外墙装饰做法标注

选择"注释"选项卡→"文字"面板→"文字"工具，将自动切换至"修改|放置文字"上下文选项卡。设置属性浏览器当前文字类型为"文字仿宋 3.5 mm"，单击"编辑类型"按钮，进入"类型属性"对话框，修改"颜色"为"黑色"，其他保留默认设置，单击"确定"按钮，退出"类型属性"对话框。在"修改|放置文字"上下文选项卡中，设置"格式"面板中文字水平对齐方式为"左对齐" 📄，文字引线方式为"二段引线" 🅰，如图 2-1-21 所示。

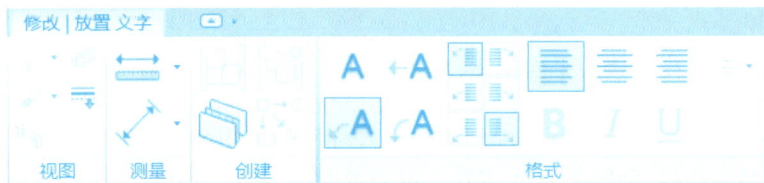

图 2-1-21

单击立面图中二层墙体的任意位置作为引线起点，垂直向上移动光标，绘制垂直方向引线，在视图空白处上方生成第一段引线，再沿水平方向向右移动光标并绘制第二段引线，进入文字输入状态，输入"灰色涂料"，完成后单击空白处任意位置，完成文字输入，结果如图 2-1-22 所示。

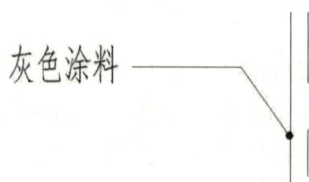

图 2-1-22

(5)修改轴网显示

选中②—⑤轴线,单击鼠标右键选中在视图中隐藏的图元,将②—⑤轴线在南立面视图中隐藏,结果如图 2-1-23 所示。

图 2-1-23

知识点 5:剖面图注释

剖面图的注释方法同平面图及立面图,下面以实例工程楼梯处剖面图为例介绍剖面图的注释。

(1)生成剖面图

将项目切换至标高 1 楼层平面视图,单击"视图"选项卡→"创建"面板→"剖面" ,进入"修改|剖面"上下文选项卡,在平面图中楼梯左梯段的适当位置绘制剖面线,将会生成一个可以调节大小的剖切框,如图 2-1-24 所示。可根据需要调整剖切框的大小,选中剖面线,单击鼠标右键选择"转到视图",进入剖面视图,如图 2-1-25 所示。下面对剖面图进行标注。(提示:平面视图中每放置一个剖面符号,均将在"项目浏览器"中的"剖面(建筑剖面)"中生成对应的视图。)

(2)添加高程点符号

使用"注释"选项卡→"尺寸标注"面板→"高程点" 工具,在休息平台处及楼层平台处添加高程点符号。

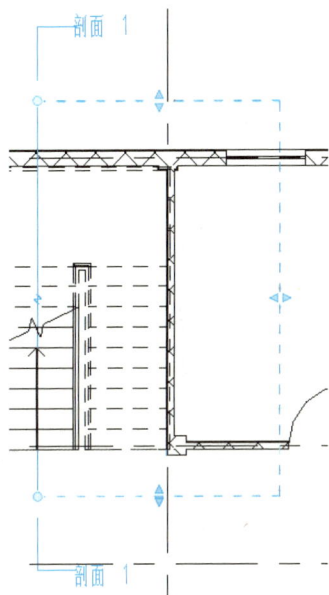

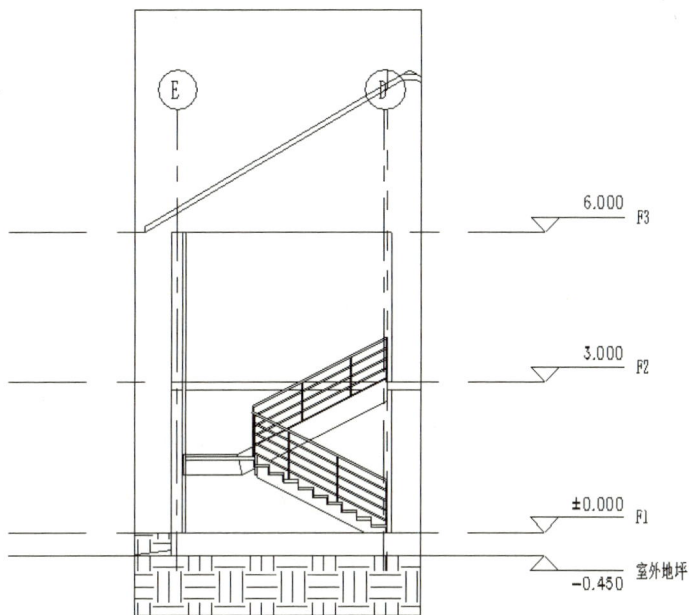

图 2-1-24　　　　　　　　　　　　　图 2-1-25

（3）尺寸标注

使用"对齐"工具标注总高度尺寸及各梯段的高度,如图 2-1-26 所示。选择上一步创建的尺寸标注,双击尺寸文字"1 500",弹出"尺寸标注文字"对话框,选择"以文字替换",在其后框内输入"150×10＝1 500"（图 2-1-27）,完成后单击"确定"按钮,退出"尺寸标注文字"对话框。另外,Revit 可以通过为标注尺寸添加前缀或后缀进行标注,双击选择上一步标注的尺寸文字"1 500",弹出"尺寸标注文字"对话框,将"前缀（P）"设置为"150×10＝"（图 2-1-28）,完成后单击"确定"按钮,退出"尺寸标注文字"对话框,设置完成后如图 2-1-29 所示。

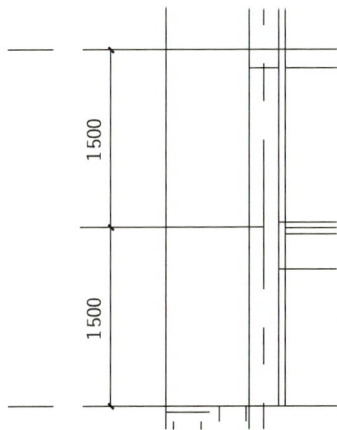

图 2-1-26

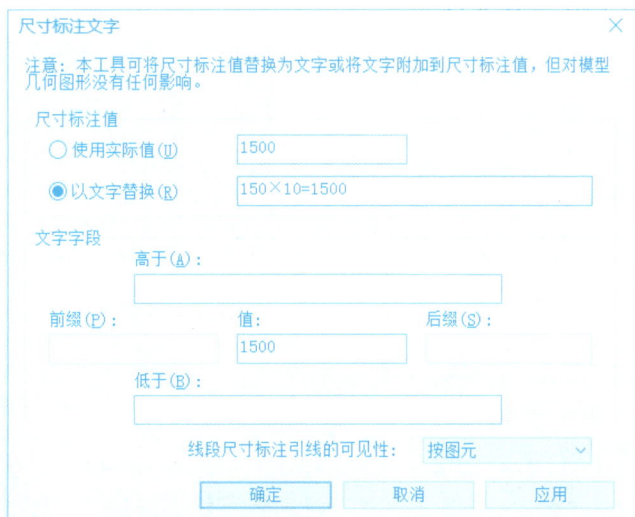

图 2-1-27

尺寸标注文字

注意：本工具可将尺寸标注值替换为文字或将文字附加到尺寸标注值，但对模型几何图形没有任何影响。

尺寸标注值

◉ 使用实际值(U)　　1500

◯ 以文字替换(R)

文字字段

高于(A)：

前缀(P)：　　　值：　　　后缀(S)：

150x10=　　　1500

低于(B)：

线段尺寸标注引线的可见性：按图元

确定　　取消　　应用

图 2-1-28

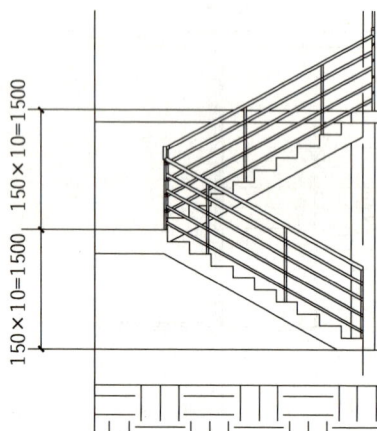

图 2-1-29

150×10=1 500　　150×10=1 500

典型工作环节 2　创建与编辑明细表

✖ 典型工作描述

明细表在项目任何阶段都可以创建,它是一张统计当前项目中指定类别图元参数的列表,如门、窗、柱等。该列表显示的信息是从项目中的图元属性提取的,也可设置条件控制明细表中的信息显示。对项目的任何修改,明细表都将自动更新,以反映当前项目的实际情况。创建的明细表既可以添加到图纸中,用以丰富图纸信息,也可以直接导出为外部文件,用以传递项目信息。本工作环节需要了解明细表的分类,掌握明细表的创建与编辑方法,根据实例工程的成果输出要求创建相应明细表。

学习目标

(1)了解明细表的分类;
(2)掌握明细表的创建与编辑方法;
(3)掌握明细表导出方法。

任务书

按实例工程图纸要求,创建门窗明细表,门明细表要求包含类型标记、宽度、高度、合计字段,窗明细表要求包含类型标记、底高度、宽度、高度、合计字段,并计算总数。

工作准备

(1)了解实例工程所需的明细表类型;
(2)了解明细表的分类和创建原则。

工作任务实施

工作任务 1:了解明细表的分类。

工作任务 2:根据实例工程要求,进行明细表的编辑。

工作任务 3:根据实例工程的成果输出要求创建相应明细表。

👍 评价反馈

工作任务评价与分析

评价项目	评价标准	参考分值	得分
明细表的分类	明细表分类了解清晰	30	
明细表的编辑	明细表的编辑符合项目要求	30	
明细表的创建	明细表的创建与输出符合要求	40	
总评			

📊 相关知识点

知识点 1：明细表/数量

①使用"建筑样板"新建项目，单击"视图"选项卡→"创建"面板→"明细表"下拉菜单，选择"明细表/数量"，如图 2-2-1 所示。

图 2-2-1

②在弹出的"新建明细表"对话框中，"过滤器列表"用于控制"类别（C）"分组的显示内容；"类别（C）"分组显示当前可以统计的图元类别；"名称（N）"分组用于设置明细表名称，按照图 2-2-2 所示创建门明细表，完成后单击"确定"按钮。

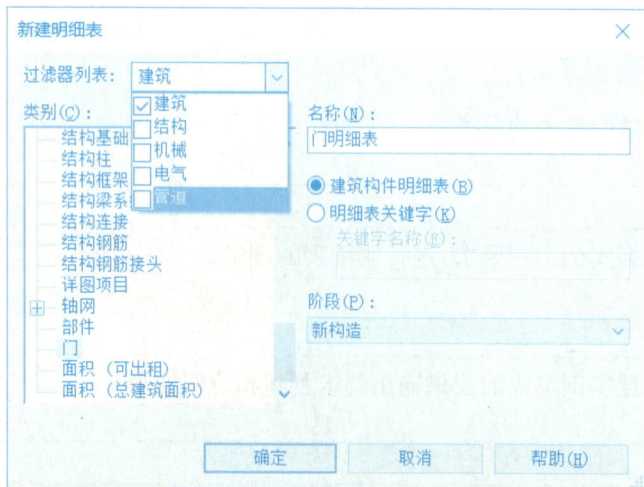

图 2-2-2

③弹出"明细表属性"对话框，在左侧"可用的字段(V)"列表内，选择需要统计的字段（属性信息），单击"添加参数" 即可将选中字段添加至右边"明细表字段（按顺序排列）(S)"列表内，如图 2-2-3 所示。

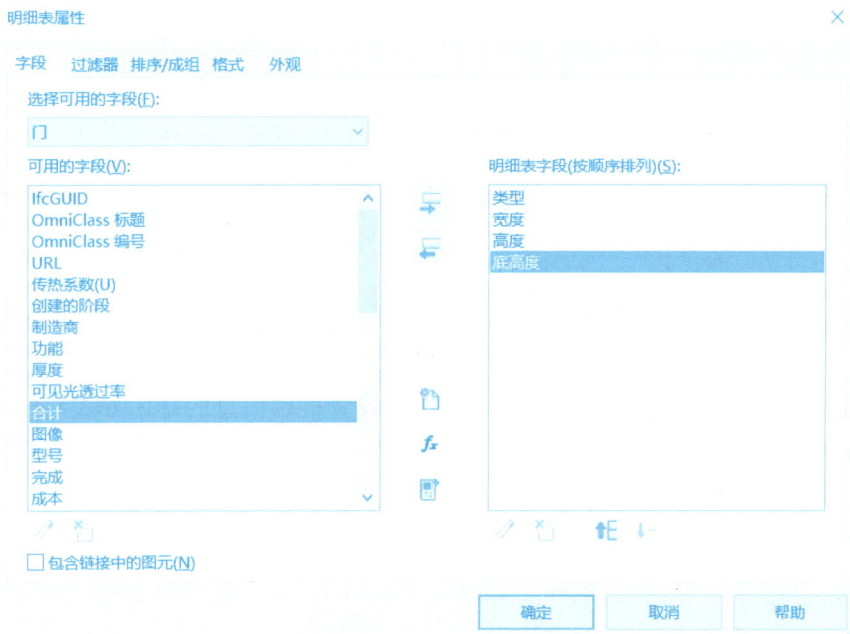

图 2-2-3

④在右侧"明细表字段（按顺序排列）(S)"列表内，选择多余字段，单击"移除参数" 移除。如对字段顺序不满意，可选中字段，单击上方图标 或下方图标 向上或向下移动字段位置，如图 2-2-4 所示。

图 2-2-4

⑤字段添加与顺序调整完毕后,单击"过滤器"选项卡,可在该选项卡内选择过滤条件,使明细表中不满足过滤条件的构件信息无法显示,可设置多个过滤条件以显示更精确的结果。如图 2-2-5 所示,所有底高度不为 0 的门将无法显示。

图 2-2-5

⑥单击"排序/成组"选项卡,可在该选项卡内设置构件信息的排序方式。如图 2-2-6 所示,可将明细表内构件信息以类型分组,以升序排序,在不同类型之间添加页脚,各个类型总计出标题、合计和总数,最后总计所有类型,并逐个列举每个实例。

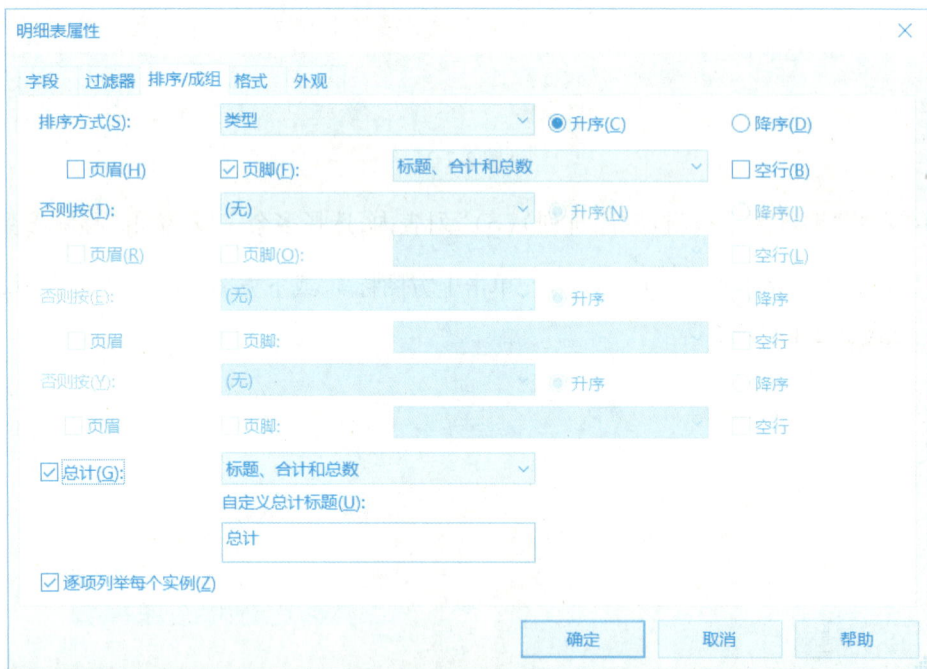

图 2-2-6

⑦单击"格式"选项卡,可在左侧"字段(F)"分组内选择字段,在右侧会对应出现该字段的格式设置。"标题(H)"可以修改该字段在明细表中显示的名称,"对齐(L)"可以修改该字段在明细表中的对齐方式,若选择的字段为数值类型的参数,可选择"计算总数",以便在勾选了"排序/成组"选项卡内"总计(G)"的情况下计算总数,如图 2-2-7 所示。

图 2-2-7

⑧单击"外观"选项卡,"图形"分组可设置明细表在图纸中内部线条显示的网格线及四周外部边线的轮廓;"文字"分组设置是否显示标题、显示页眉,以及从上至下的标题、页眉、构件信息的文字样式,如图 2-2-8 所示。

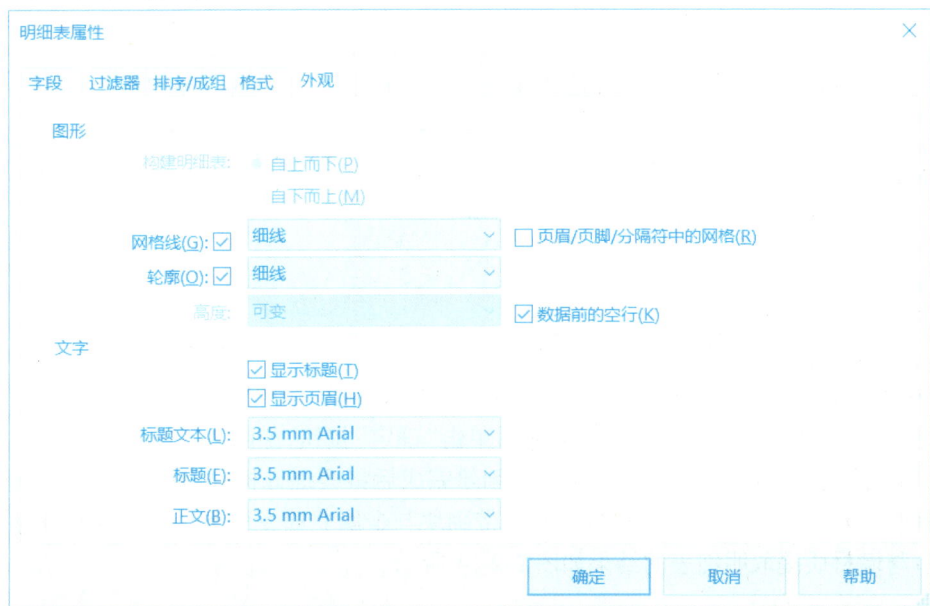

图 2-2-8

⑨完成后单击"确定"按钮,完成门明细表的创建,如图 2-2-9 所示。

明细表完成后,仍然可以在属性浏览器中继续编辑各项设置,如图 2-2-10 所示。

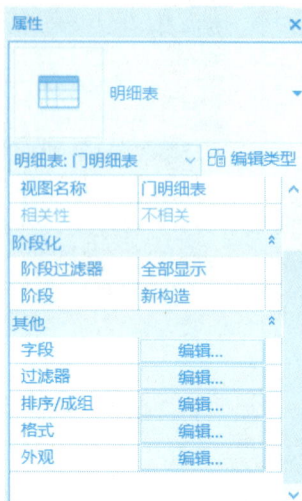

<门明细表>

A	B	C	D	E
类型	宽度	底高度	高度	合计

图 2-2-9

图 2-2-10

知识点 2:材质提取明细表

①如图 2-2-11 所示,选择"材质提取",弹出"新建材质提取"对话框,在"过滤器列表"中选择"建筑","类别(C)"列表中选择"墙",然后单击"确定"按钮,如图 2-2-12 所示。

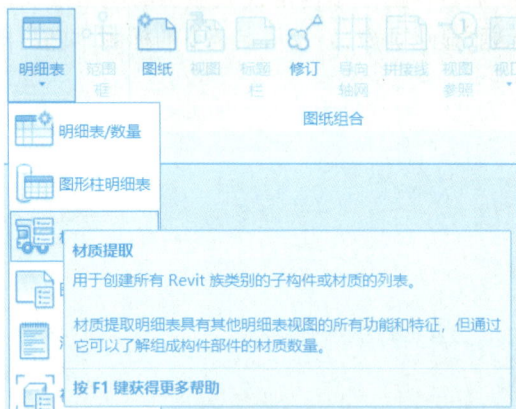

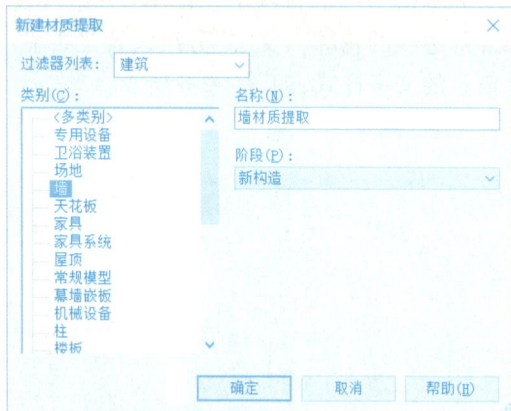

图 2-2-11

图 2-2-12

②在弹出的"材质提取属性"对话框中,在"明细表字段(按顺序排列)(S)"列表内依次添加"类型""材质:名称""材质:体积",完成后单击"确定"按钮,如图 2-2-13 所示。

③与构件明细表相比,材质提取明细表创建完成后将会统计构件内的所有材质信息。例如,一道长 3 000 mm、高 3 500 mm 的"外部-带砌块与金属立筋龙骨复合墙",墙明细表(构件明细表)与墙材质提取明细表的结果如图 2-2-14 所示。

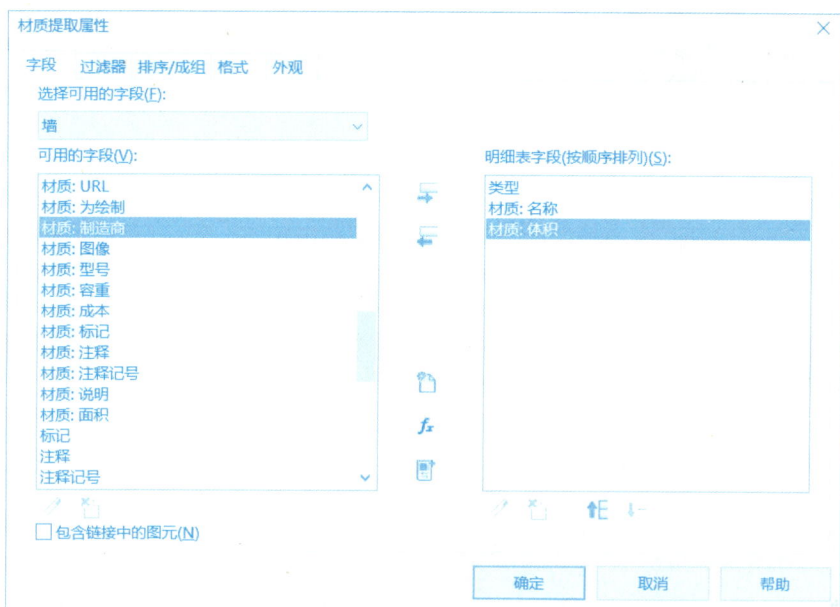

图 2-2-13

图 2-2-14

知识点 3：图纸列表

如图 2-2-15 所示，选择"图纸列表"，创建图纸列表明细表。在"图纸列表属性"对话框，选择要统计的字段，添加结果如图 2-2-16 所示，单击"确定"按钮，完成后如图 2-2-17 所示。

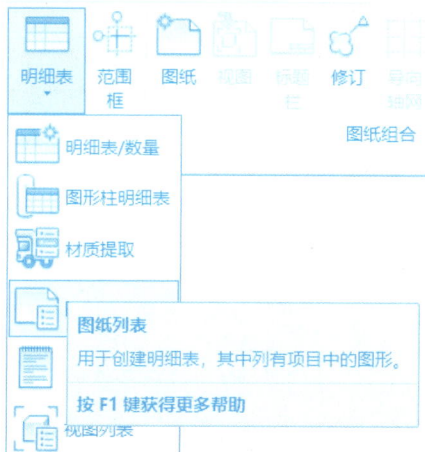

图 2-2-15

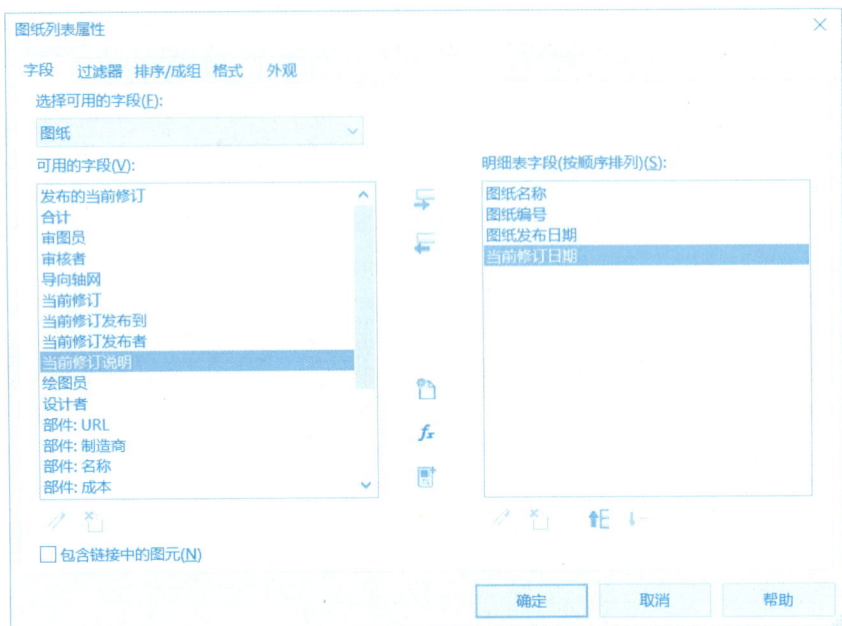

图 2-2-16

<图纸列表>			
A	B	C	D
图纸名称	图纸编号	图纸发布日期	当前修订日期

图 2-2-17

知识点 4:视图列表

如图 2-2-18 所示,选择"视图列表",创建视图列表明细表。在"视图列表属性"对话框,选择要统计的字段,添加结果如图 2-2-19 所示,单击"确定"按钮。项目样板中会预设一些视图,视图列表明细表创建完成后会自动统计这些视图,如图 2-2-20 所示。

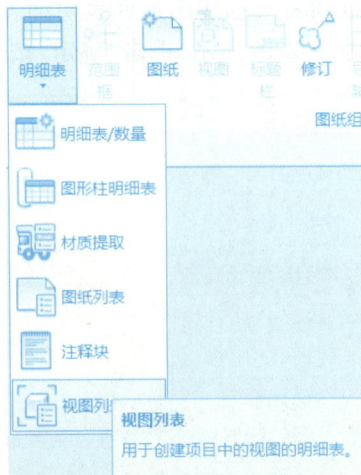

图 2-2-18

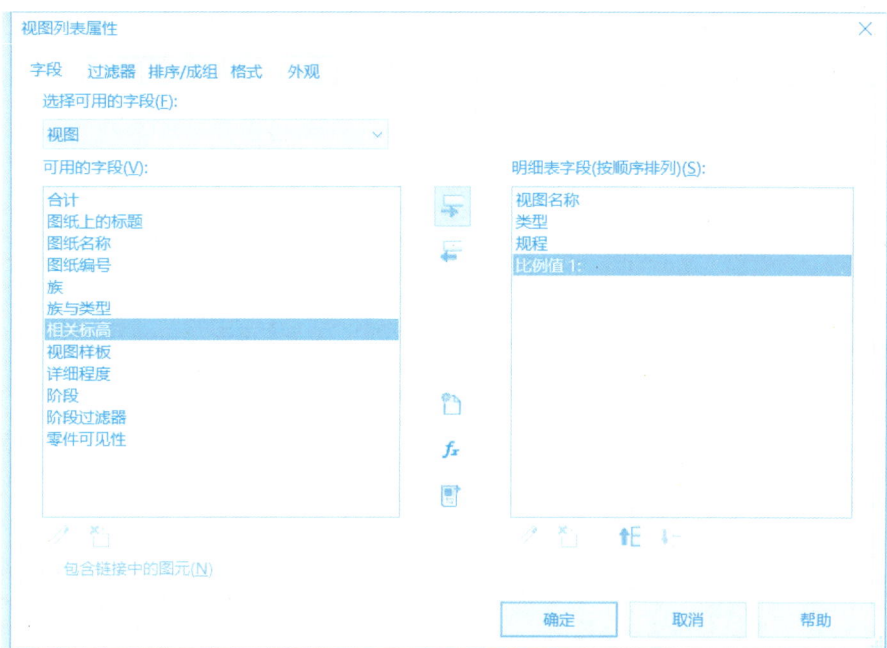

图 2-2-19

<视图列表>

A	B	C	D
视图名称	类型	规程	比例值 1:
标高 1	楼层平面	建筑	100
标高 1	天花板平面	建筑	100
标高 2	楼层平面	建筑	100
标高 2	天花板平面	建筑	100
北	建筑立面	建筑	100
东	建筑立面	建筑	100
西	建筑立面	建筑	100
南	建筑立面	建筑	100
场地	楼层平面	建筑	100

图 2-2-20

知识点 5:导出明细表

在当前活动视图为明细表视图的情况下,单击“应用程序菜单”→“导出”→“报告”→“明细表”,如图 2-2-21 所示。在弹出的“导出明细表”对话框修改明细表名称,完成后单击“保存(S)”按钮,如图 2-2-22 所示。

如图 2-2-23 所示,在弹出的“导出明细表”对话框中设置“明细表外观”及“输出选项”。“明细表外观”包括是否导出页眉、标题,导出组页眉、页脚和空行;“输出选项”包括字段分隔符、文字限定符,默认设置可不必更改,单击“确定”按钮即可。

打开导出的. txt 格式的明细表,如图 2-2-24 所示。可新建一个 Excel 文档,全选. txt 记事本内所有字符,复制粘贴到 Excel 文档中,调整单元格,完成明细表的转化,如图 2-2-25 所示。

图 2-2-21

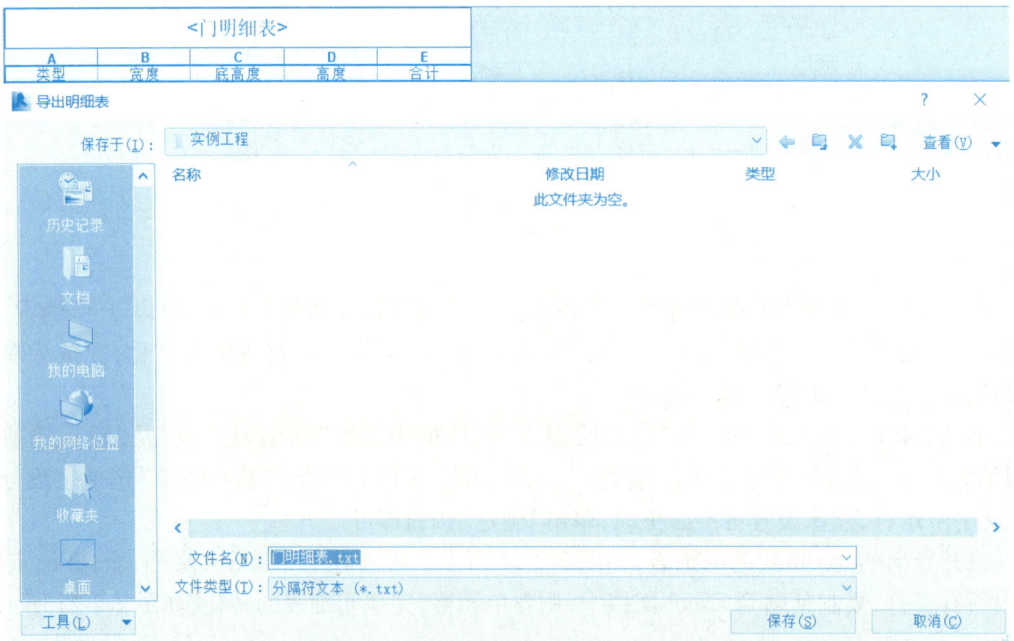

图 2-2-22

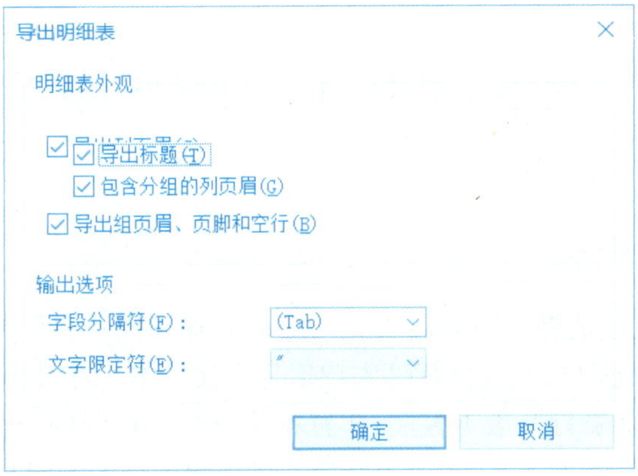

导出明细表

明细表外观

☑ 导出标题(T)
　☑ 包含分组的列页眉(C)
☑ 导出组页眉、页脚和空行(B)

输出选项

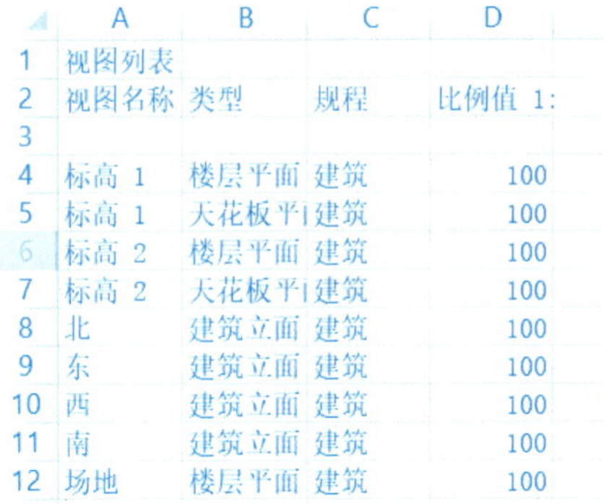

字段分隔符(F)：　(Tab)
文字限定符(E)：　"

确定　　取消

图 2-2-23

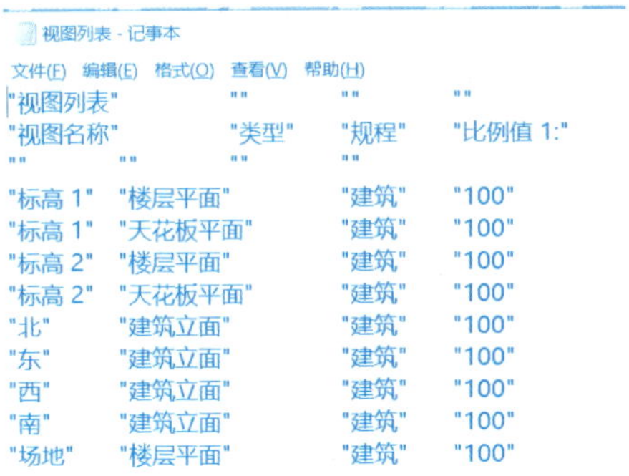

图 2-2-24

图 2-2-25

典型工作环节 3　管理图纸

⚒ 典型工作描述

在 Revit 中,可以快速地将不同的视图和明细表放置在同一张图纸中,从而形成施工图,并且能够导出 CAD 格式文件,与其他软件实现信息交换。本工作环节需要掌握在 Revit 项目内创建施工图图纸、图纸修订及版本控制、布置视图及视图设置的方法,以及将 Revit 视图导出为 DWG 文件及图层设置的方法,按要求完成实例工程图纸的创建与编辑。

📊 学习目标

(1)掌握在 Revit 项目内创建施工图图纸的方法;
(2)掌握图纸修订及版本控制方法;
(3)掌握布置视图及视图设置方法;
(4)掌握 Revit 视图导出为 DWG 文件及图层设置的方法。

📖 任务书

创建实例工程一层平面图,创建 A3 公制图纸,将实例工程一层平面图插入,并将视图比例调整为 1:100。

🖥 工作准备

(1)了解实例工程图纸管理的具体要求;
(2)了解图纸创建及输出的相关规范标准。

⊞ 工作任务实施

工作任务 1:按要求创建实例工程一层平面图。

_____

_____

_____

_____

工作任务 2:导出实例工程图纸。

_____

_____

_____

_____

👍 评价反馈

工作任务评价与分析

评价项目	评价标准	参考分值	得分
图纸的创建	图纸尺寸选择正确 图纸创建符合要求	30	
视图的放置	视图放置符合规范	20	
图框内容的编写	图框内容的编写符合要求	30	
图纸的输出	图纸格式选择正确 图纸输出符合规范	20	
总评			

👨‍🏫 相关知识点

知识点 1：创建图纸

模型创建完成后，如何利用所有的模型，打印出所需的图纸？此时需要新建施工图图纸，指定图纸使用的标题栏族，以及将需要的视图布置在相应标题栏的图纸中，最终生成项目的施工图纸。

单击"视图"选项卡→"图纸组合"面板→"图纸"，弹出"新建图纸"对话框。如果项目中没有标题栏可供使用（图 2-3-1），可单击"载入（L）…"按钮，在弹出的"载入族"对话框中，查找系统族库，选择所需的标题栏（例如"A1 公制"），单击"打开（O）"按钮载入到项目中，如图 2-3-2 所示。

图 2-3-1

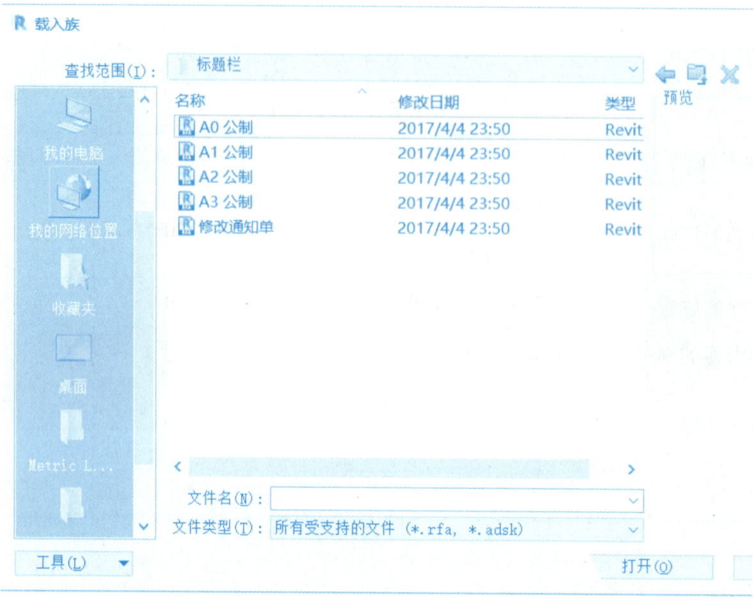

图 2-3-2

单击选择"A1 公制",单击"确定"按钮,此时绘图区域打开一张新创建的 A1 图纸,如图 2-3-3 所示。完成图纸创建后,在项目浏览器"图纸"项下自动添加了图纸"A101-未命名",如图 2-3-4 所示。

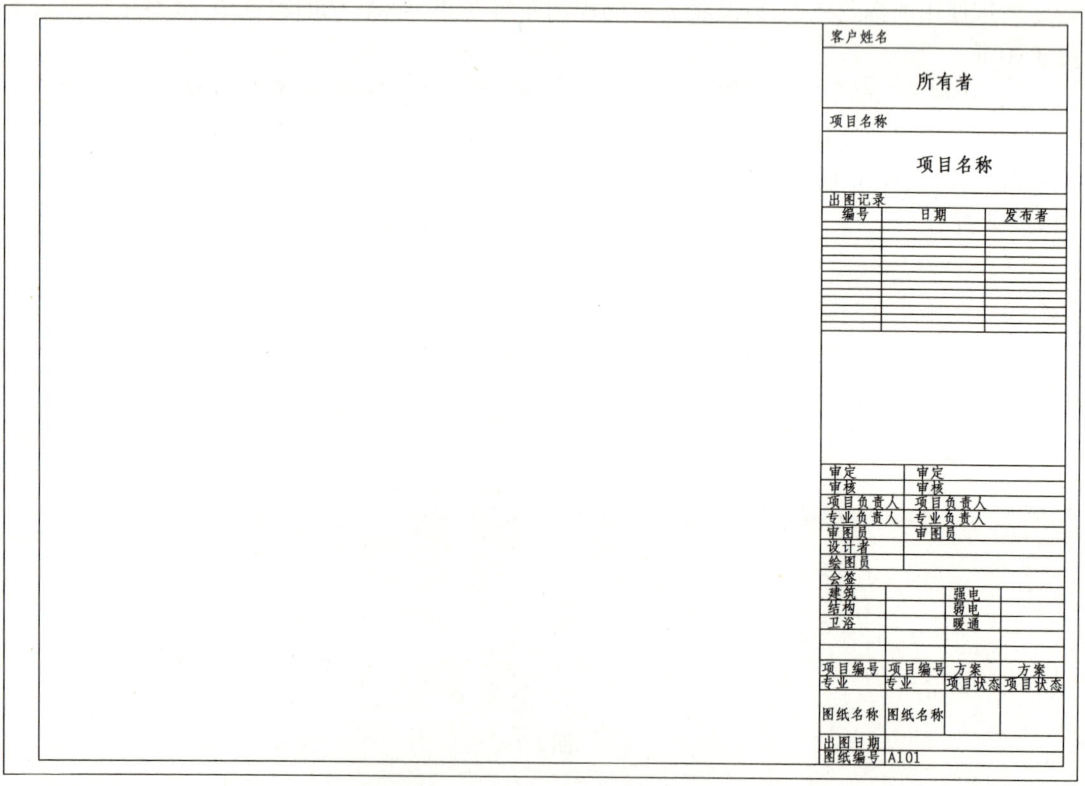

图 2-3-3

　　单击"视图"选项卡→"图纸组合"面板→"视图",弹出"视图"对话框,视图列表中列出了当前项目中所有可用的视图,选择"楼层平面:标高 1",单击"在图纸中添加视图(A)"按钮,如图 2-3-5 所示。确认选项栏"在图纸上旋转"选项为"无",放置该视图。

　　在图纸中放置的视图称为视口,Revit 自动在视图底部添加视口标题,默认以该视图的视图名称命名该视口,如图 2-3-6 所示。

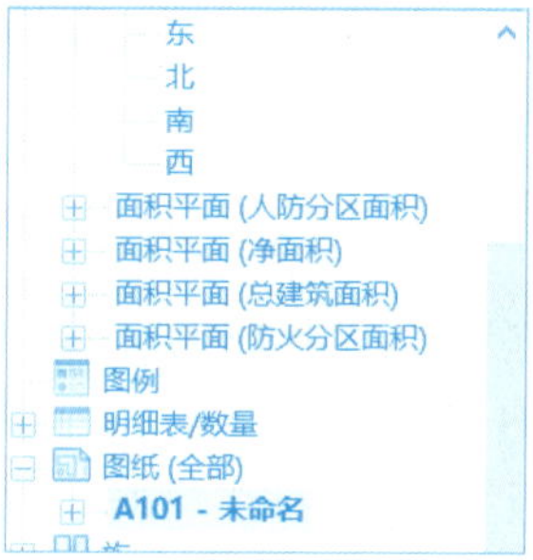

图 2-3-4

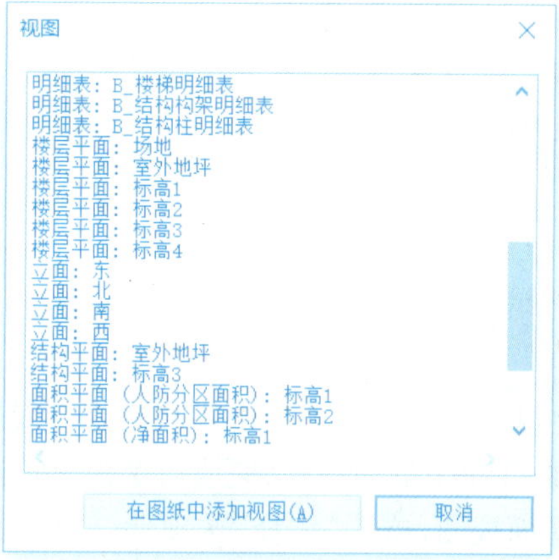

图 2-3-5

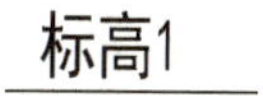

图 2-3-6

知识点 2:编辑图纸

　　新建图纸后,图纸上的标签、图名、图号等信息以及图纸的样式均需要人工修改,施工图图纸需要二次修订等,因此需要对图纸进行编辑。但对于一家企业而言,可事先设定好本单位的图纸,方便后期快速添加使用,提高工作效率。

(1)属性设置

　　在添加完图纸后,如果发现图纸尺寸不符合要求,可选择该图纸,在属性浏览器的"类型选择器"下拉列表中修改成其他标题栏,如 A1 可修改为 A2。

　　在属性浏览器中修改"图纸名称"为"一层平面图",则图纸中的"图纸名称"一栏自动添加"一层平面图"。其他的参数,如"审核者""设计者"与"审图员"等,修改参数后会自动在图纸中修改。

　　选中放置于图纸中的视图,属性浏览器中修改为"视口有线条的标题"。修改"图纸上的标题"为"一层平面图",则图纸视图中视口标题名称同时修改为"一层平面图",如图 2-3-7 所示。

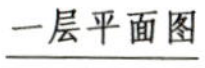

一层平面图

图 2-3-7

(2)图纸修订与版本控制

　　在项目设计阶段,难免会出现图纸修订的情况。通过 Revit 可记录和追踪每次修订的位置、时间、修订执行者等信息,并将所修订的信息发布到图纸上。

　　单击"视图"选项卡→"图纸组合"面板→"修订",在弹出的"图纸发布/修订"对话框中,单击右侧的"添加(A)"按钮,可以添加一个新的修订信息,勾选序列"1"为"已发布",如图 2-3-8 所示。

图 2-3-8

编号选择"每个项目(<u>R</u>)",则在项目中添加的修订编号是唯一的;选择"每张图纸(<u>H</u>)",会根据当前图纸上的修订顺序自动编号,完成后单击"确定"按钮。

打开标高 1 楼层平面视图,单击"注释"选项卡→"详图"面板→"云线批注"(图 2-3-9),切换到"修改|创建云线批注草图"上下文选项卡,使用"绘制线"工具按图 2-3-10 所示绘制云线批注,框选问题范围,单击"✔"完成云线批注。

图 2-3-9

图 2-3-10

选中绘制的云线批注,在图 2-3-11 所示的选项栏中只能选择"序列 2-修订 2",因为"序列 1-修订 1"已勾选"已发布",Revit 不允许用户向已发布的修订中添加或删除云线标注。在属性浏览器中,可以查看到"修订编号"为"2"。

图 2-3-11

在项目浏览器中打开图纸"A101-未命名",则在一层平面图中绘制的云线标注同样添加在"A101-未命名"图纸上。

打开"图纸发布/修订"对话框,通过调整"显示"属性可以指定各阶段修订是否显示云线和标记等修订痕迹。在"显示"属性中选择"云线和标记",则绘制云线后,会显示在平面图中。

知识点 3:图纸导出与打印

图纸布置完成后,可直接打印或者导出 CAD 文件,用于成果交换。

(1)打印

单击"应用程序菜单"按钮,在列表中选择"打印",打开"打印"对话框,如图 2-3-12 所示。在"打印机"分组中选择打印机名称。

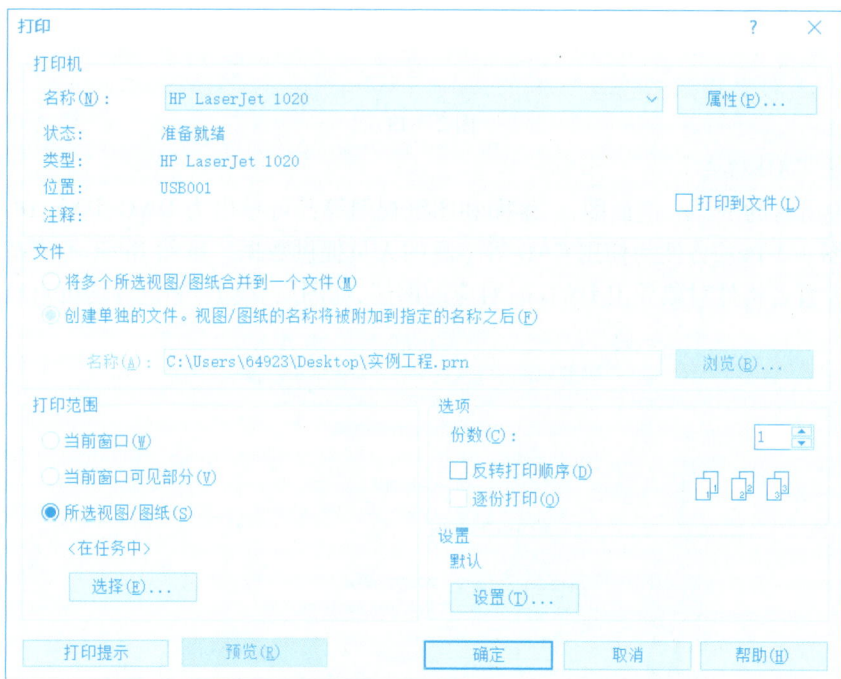

图 2-3-12

在"打印范围"分组中可以设置要打印的窗口或图纸,如果希望一次性打印多个视图和图纸,选择"所选视图/图纸(S)",单击下方的"选择(E)..."按钮,在弹出的"视图/图纸集"对话框中,勾选需要打印的图纸或视图即可,如图 2-3-13 所示。单击"确定"按钮,返回"打印"对话框。

在"选项"分组中进行打印设置后,即可单击"确定"按钮进行打印。

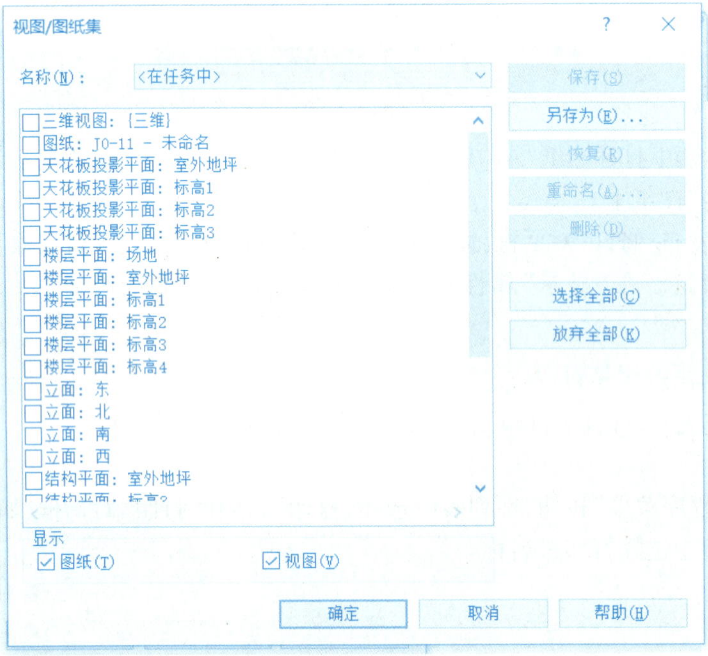

图 2-3-13

(2) 导出 CAD 格式

Revit 中所有的平、立、剖面图,三维图和图纸视图等都可导出为 DWG、DXF、DGN 等 CAD 格式文件(图 2-3-14),方便为使用 CAD 等工具的人员提供数据。虽然 Revit 不支持图层的概念,但可以设置各构件对象导出 DWG 时对应的图层,如图层、线型、颜色等均可自行设置。

图 2-3-14

单击"应用程序菜单"按钮→"导出"→"CAD 格式"→"DWG",弹出"DWG 导出"对话框(图 2-3-15),单击"选择导出设置(L)"后的 ⋯ 按钮,弹出"修改 DWG/DXF 导出设置"对话框,如图 2-3-16 所示。在该对话框中,可以对导出 CAD 时需要设置的图层、线型、填充图案、颜色、字体、CAD 版本等进行设置。在"层"选项卡中,可指定各类对象类别以及其子类别的投影、截面图形在 CAD 中显示的图层、颜色 ID。可在"根据标准加载图层(S)"下拉列表中加载图层映射标准文件。Revit 提供了 4 种国际图层映射标准。

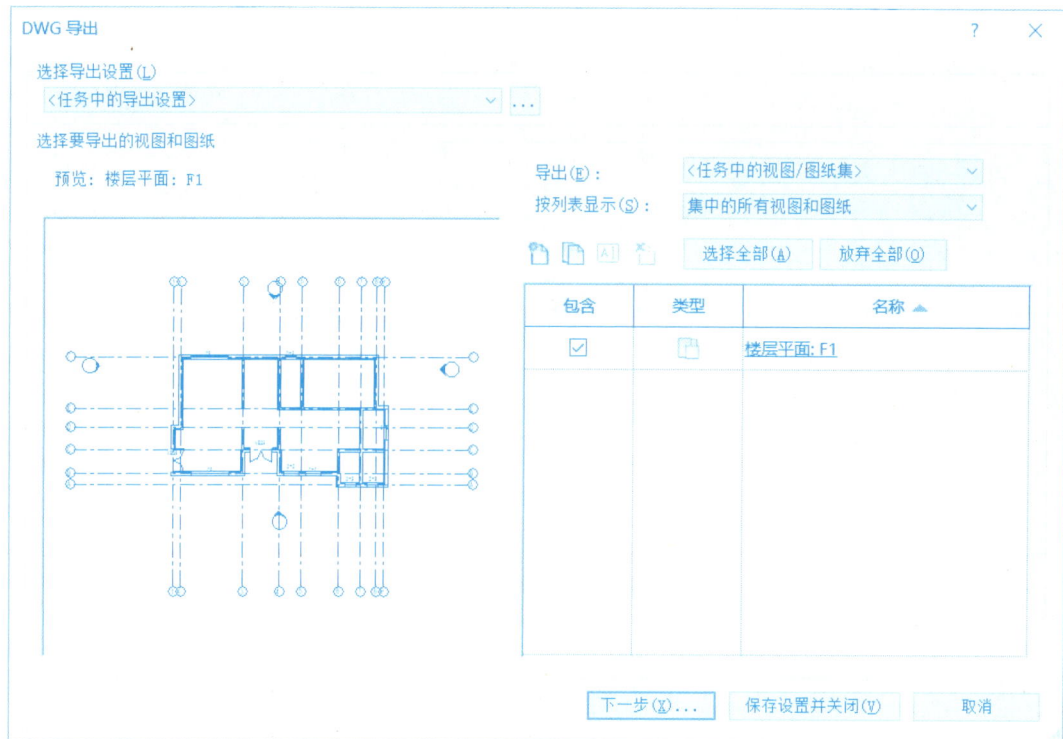

图 2-3-15

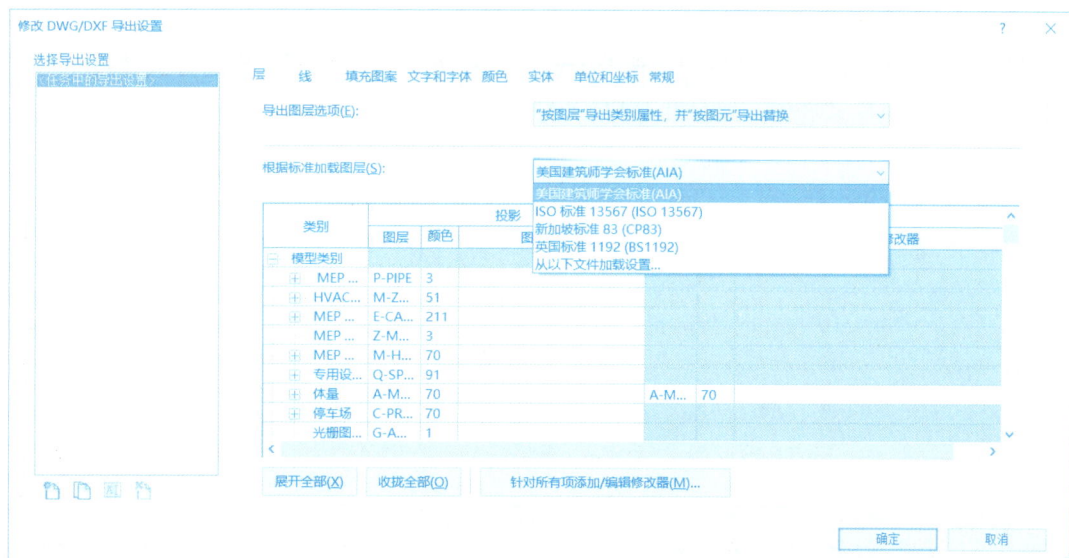

图 2-3-16

设置完成后,单击"确定"按钮,返回"DWG 导出"对话框。单击"下一步(X)…"按钮转到"导出 CAD 格式-保存到目标文件夹"对话框,如图 2-3-17 所示。指定文件保存位置、文件格式和命名,单击"确定"按钮,即可将所选择的图纸导出成 DWG 文件。如果希望导出的文件采用 AutoCAD 外部参照模式,可勾选"将图纸上的视图和链接作为外部参照导出(X)",此处不勾选。

图 2-3-17

外部参照模式,除了将每个图纸视图导出为独立的与图纸视图同名的 DWG 文件外,还可单独导出与图纸视图相关的视口为单独的 DWG 文件,并以外部参照文件的方式链接至与图纸视图同名的 DWG 文件中。要打开 DWG 文件,则需打开与图纸视图同名的 DWG 文件。

典型工作环节4　制作视图渲染与漫游动画

✖ 典型工作描述

在 Revit 中,可使用不同的效果和内容(如照明、植物、贴花和人物)来渲染三维模型,通过视图展现模型真实的材质和纹理,还可以创建效果图和漫游动画,全方位展示建筑模型的创意和设计效果。本工作环节需要掌握渲染前的准备工作、渲染的设置以及渲染图像的保存与导出方法,漫游路径的创建与编辑、漫游帧的编辑以及漫游成果的导出方法,并按要求完成实例工程的视图渲染和漫游动画制作。

学习目标

(1)掌握视图渲染的方法;
(2)掌握漫游动画的制作方法。

任务书

(1)对实例工程的三维模型进行渲染,质量设置为"中",背景设置为"天空:少云",照明方案为"室外:日光和人造光",其他未标明选项不做要求,结果以"实例工程渲染.JPG"为文件名保存;
(2)制作实例工程的漫游动画。

工作准备

(1)了解 BIM 模型成果输出技术支持的基本操作方法、流程规则;
(2)了解各阶段 BIM 输出应用的方法优化、流程及调整原则。

工作任务实施

工作任务 1:对实例工程的三维模型进行渲染,质量设置为"中",背景设置为"天空:少云",照明方案为"室外:日光和人造光",其他未标明选项不做要求。

_____

_____

_____

工作任务 2:对实例工程的三维模型制作漫游动画。

_____

_____

_____

👍 评价反馈

工作任务评价与分析

评价项目	评价标准	参考分值	得分
视图渲染	视图渲染参数符合要求 视图渲染效果图输出清晰	50	
漫游动画	漫游动画路径绘制合理 漫游动画视频清晰	50	
总评			

🧑‍🏫 相关知识点

知识点 1：渲染

（1）创建相机

打开已建好的实例工程模型，单击"视图"选项卡→"创建"面板→"三维视图"下拉菜单→"相机"，如图 2-4-1 所示。可在选项栏中设置相机的视图属性是否为透视图、相机的放置标高与偏移量，如图 2-4-2 所示。取消勾选"透视图"，创建的相机视图即变为正交视图。

图 2-4-1

图 2-4-2

设置完成后可在平面视图中放置相机。单击场地平面的右下角放置相机，移动光标到图 2-4-3 所示位置，单击鼠标左键以确定相机查看方向。

放置完成后，视图将自动跳转至相机视图，与此同时，项目浏览器中"三维视图"项下会自动创建"三维视图 1"视图，如图 2-4-4 所示。

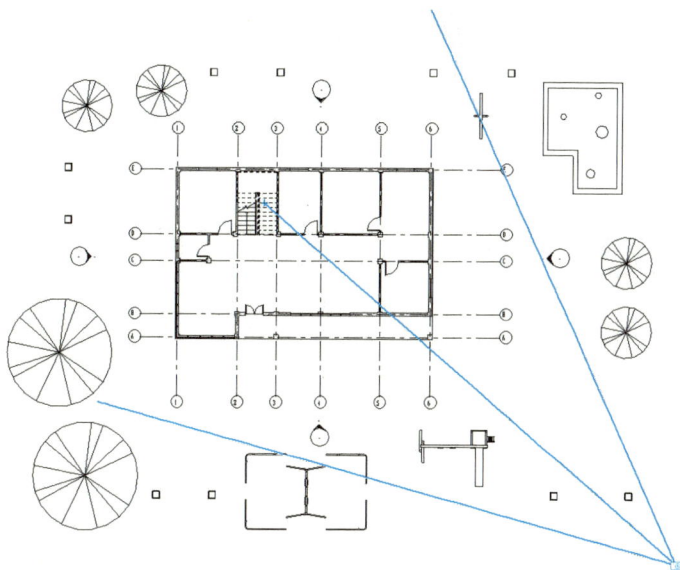

图 2-4-3

图 2-4-4

（2）相机设置

在属性浏览器中可以修改当前相机的视图设置，如图 2-4-5 所示。"裁剪区域可见"控制相机可见边界显示，"远剪裁激活"控制相机最远查看距离，"裁剪视图"控制相机显示（取消勾选此属性则前两项属性默认同时取消，但不影响再次勾选），"渲染设置"控制相机视图当前显示状态（未启动渲染器时的视图显示），"视点高度"控制相机高度，"目标高度"控制相机观察点高度。

（3）渲染视图

单击"视图"选项卡→"演示视图"面板→"渲染"，弹出"渲染"对话框，如图 2-4-6 所示。在"渲染"对话框中，直接单击

范围	
裁剪视图	
裁剪区域可见	☑
远剪裁激活	☑
远剪裁偏移	60433.0
剖面框	☐
相机	
渲染设置	编辑...
锁定的方向	
透视图	
视点高度	1750.0
目标高度	1750.0
相机位置	指定

图 2-4-5

"渲染(R)"按钮,即可完成渲染,结果如图 2-4-7 所示。

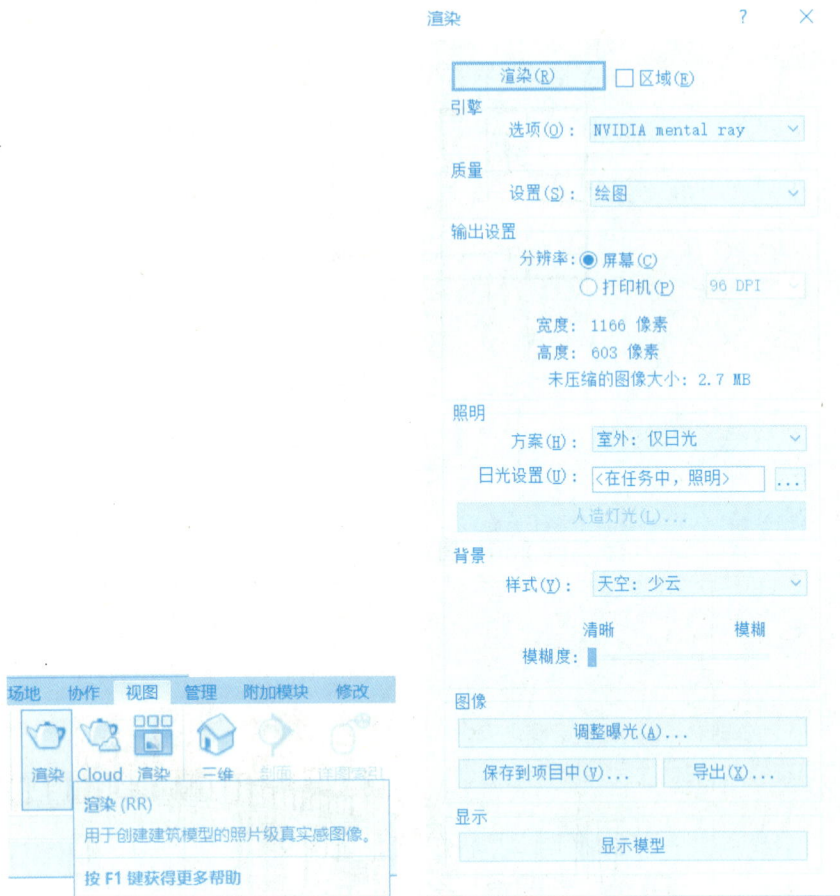

图 2-4-6

图 2-4-7

可勾选"区域(E)"选项,相机视图中显示红色矩形线框,如图 2-4-8 所示。可选择此线框并拖拽其大小,当勾选此选项时,只有在线框内部的才会被渲染,渲染结果如图 2-4-9 所示。

图 2-4-8

图 2-4-9

(4) 质量设置

单击"质量"分组下"设置"下拉列表,叮选择渲染图像的质量,渲染质量由低到高分别是绘图、低、中、高、最佳 5 个预设质量设置,如图 2-4-10 所示。此 5 个设置已满足一般情况下的需求,渲染时间随着质量的提升而不断增加。当之前已单击"渲染(R)"按钮进行过一次渲染,再次选择其他预设质量设置,视图正上方将提示当前图像质量不会自动跟随修改而更新,需要重新渲染。

(5) 输出设置

如图 2-4-11 所示,在"渲染"对话框"输出设置"分组下可设置输出图像时的"分辨率",在渲染图像时根据分辨率设置的大小来渲染图像,同一张图相同质量下分辨率越高,需要渲染的时间就越长。

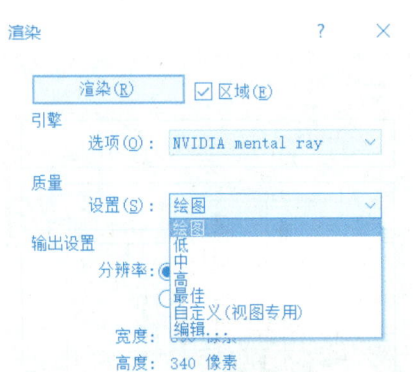

图 2-4-10

图 2-4-11

当"分辨率"设置为"屏幕（C）"时，则只渲染当前视图中可见的范围，在当前视图区域之外的则不进行渲染。当"分辨率"设置为"打印机（P）"时，则会将当前视图中所有可见的图元进行渲染，而不局限在屏幕可见区域，即将整栋建筑进行渲染。"打印机"分辨率从低到高有"75DPI""150DPI""300DPI""600DPI"4 个预设选项，也可手动输入数值进行调整。渲染图像文件的大小，可以通过"未压缩的图像大小"查看。

（6）照明方案

在"渲染"对话框"照明"分组下可进行渲染图像时照明的设置，如图 2-4-12 所示。单击"方案（H）"下拉列表，可选择多种预设好的方案，其中室内与室外的分类只是预设的"调整曝光"设置不同，不会出现渲染室外景象时，选择"室内"照明方案无法渲染的情况。

如图 2-4-13 所示，可单击"图像"分组下"调整曝光（A）..."按钮来查看或修改相关信息。渲染时，日光的渲染仅受太阳位置的影响，而人造光指在项目中有光源属性的灯构件，在"仅日光"的方案中，灯构件将不起作用。

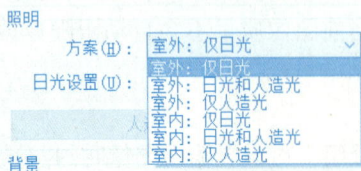

图 2-4-12

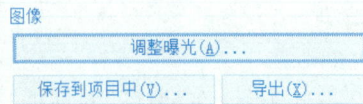

图 2-4-13

如图 2-4-14 所示，单击"日光设置（U）"后的 ... 按钮，弹出"日光设置"对话框（图 2-4-15），其中"日光研究"分组用于设置日照方案，渲染时主要用"静止"及"照明"两类方案。

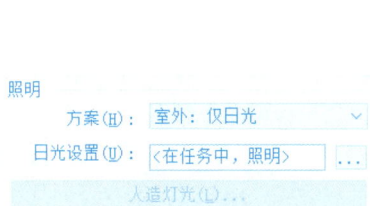

图 2-4-14　　　　　　　　　　　图 2-4-15

如图 2-4-16 所示,"日光研究"为"静止"方案时,"设置"分组有地点、日期、时间、地平面的标高 4 个设置选项。可更改地点选项以获得更准确的地理位置信息,同时调整日期、时间选项来获取某位置下该时间的阳光照射情况。同时,"预设"分组将出现"<在任务中,静止>""夏至""冬至""春分""秋分"5 个预设方案,如图 2-4-17 所示。

图 2-4-16　　　　　　　　　　　图 2-4-17

如图 2-4-18 所示,"日光研究"为"照明"方案时,"设置"分组有方位角、仰角、相对于视图 3 个设置选项。其中,方位角是相对于正北的方位角角度(单位为度),范围从 0°(北)到 90°(东)、180°(南)、270°(西)直至 360°(回到北)。仰角是指相对地平线测量的地平线与太阳之间的垂直角度,范围从 0°(地平线)到 90°(顶点)。要相对于视图的方向来确定日光方向,则勾选"相对于视图";要相对于模型的方向来确定日光方向,则取消勾选"相对于视图"。同时,"预设"分组会同步更换预设方案为"<在任务中,照明>""来自右上角的日光"和"来自左上角的日光",如图 2-4-19 所示。

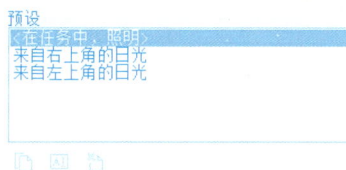

图 2-4-18　　　　　　　　　　　图 2-4-19

当方案设置中有"人造光"时,"人造灯光(L)…"选项将亮显,如图 2-4-20 所示。单击"人造灯光(L)…"按钮,在弹出的"人造灯光-三维视图 1"对话框中,可设置项目中灯光的开启与关闭,如图 2-4-21 所示。

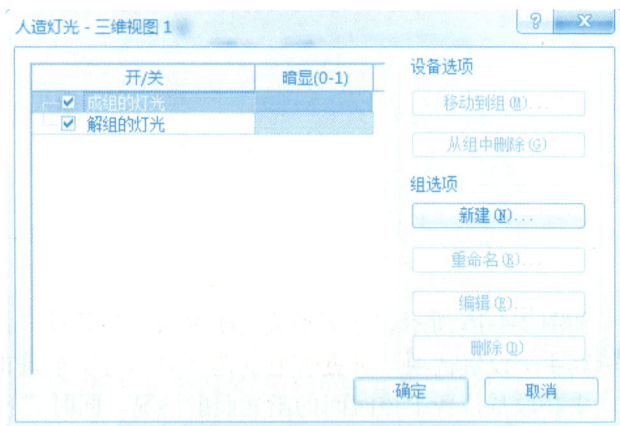

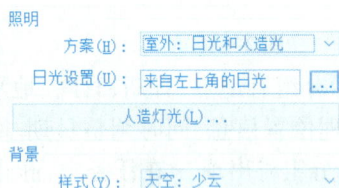

图 2-4-20   图 2-4-21

(7)背景样式

如图 2-4-22 所示，在"渲染"对话框，单击"背景"分组下"样式(Y)"下拉列表，可设置天空与地面部分的显示效果。其中，"天空:无云"到"天空:非常多的云"5 个预设背景设置，在渲染时天空部分将渲染无云到多云时的天空景象。

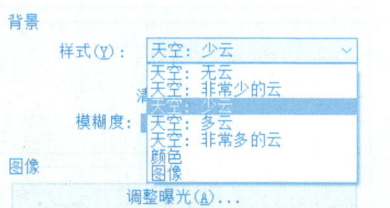

图 2-4-22

在"样式(Y)"中选择"图像"，弹出"背景图像"对话框，单击"图像(I)…"按钮(图 2-4-23)，在弹出的"导入图像"对话框中选择需要导入的图像，完成后单击"打开"按钮完成导入。导入完成后，可在"比例"分组中设置被导入图像的比例为原始尺寸(对齐导入图像尺寸中央，不缩放)、拉伸(缩放至与渲染尺寸一致)、宽度(图像宽度与渲染图像宽度缩放对齐)、高度(图像高度与渲染图像高度缩放对齐)。

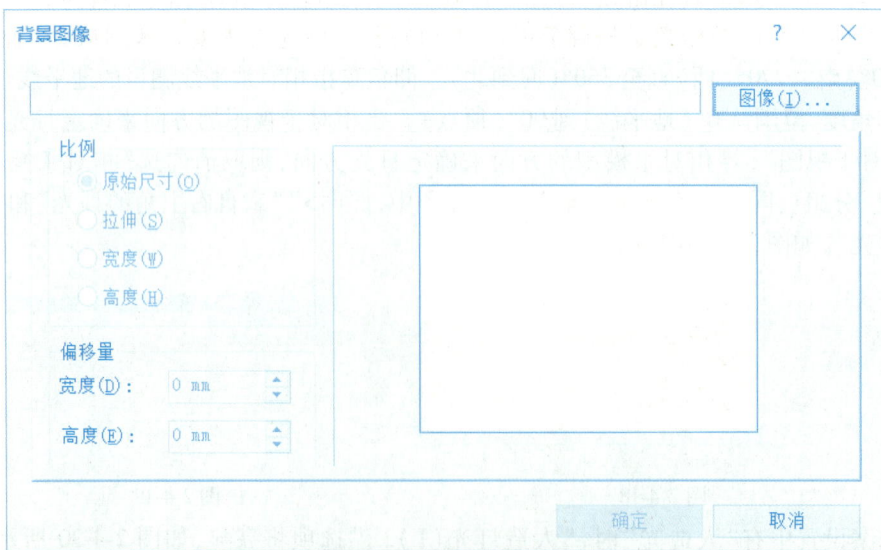

图 2-4-23

（8）图像导出与保存

渲染完成后可单击"图像"分组中的"导出（$\underline{X}$）…"按钮，在弹出的"保存图像"对话框中选择和修改保存位置、名称及文件类型。

单击"保存到项目中（$\underline{V}$）…"按钮，在弹出的对话框中输入图像的名称后，渲染的图像将会保存在项目中，单击项目浏览器中"渲染"项可以查看渲染图像，如图 2-4-24 所示。

选择活动视图为保存的图像视图，单击"应用程序菜单"

![图标]→"导出"→"图像和动画"→"图像"（图 2-4-25），弹出"导出图像"对话框（图 2-4-26），"输出"分组用于选择导出的图像文件的位置及名称，"导出范围"分组用于控制导出的视图，"图像尺寸"分组用于控制图像像素（清晰度），"格式"分组用于控制导出后的文件格式，"选项"分组用于控制导出时视图内一些图元的显示方式，分别设置完成后单击"确定"按钮，即可导出。

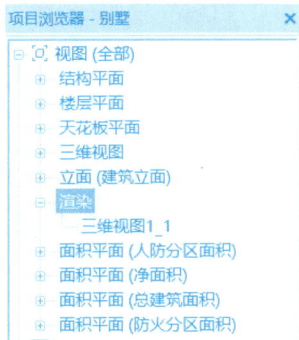

图 2-4-24

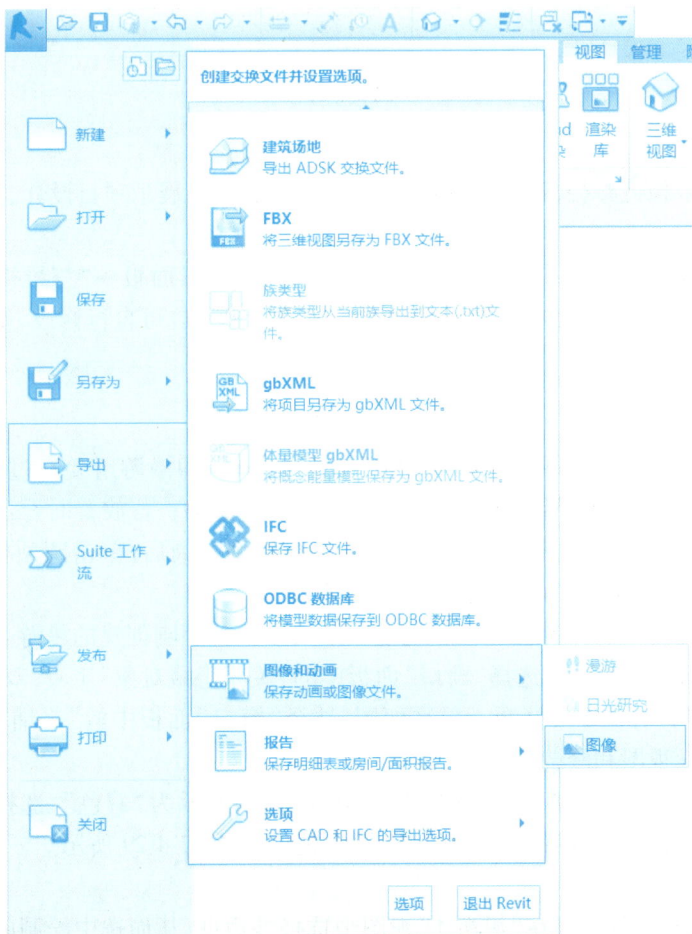

图 2-4-25

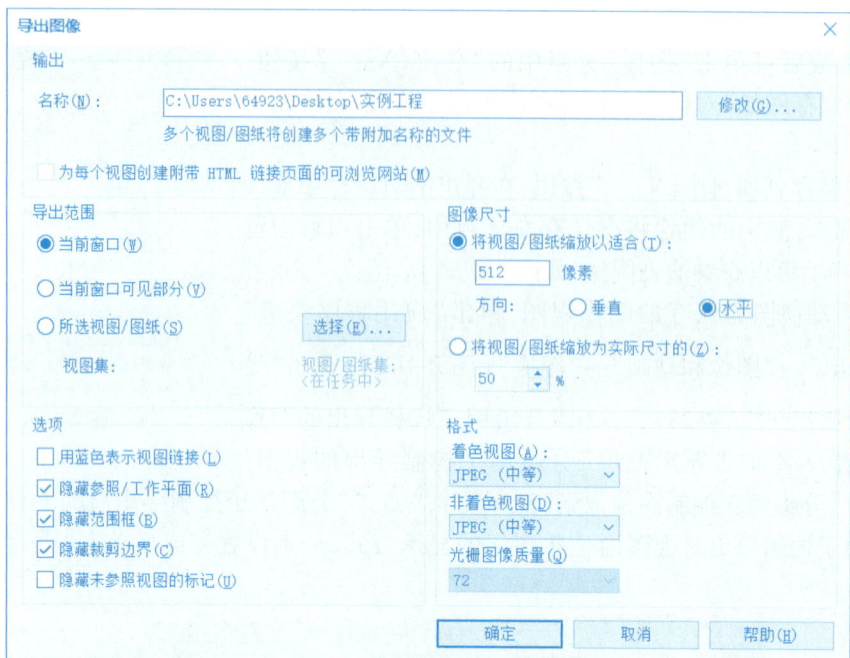

图 2-4-26

知识点 2：漫游

通过设置各个相机路径，即可创建漫游动画，动态查看与展示项目设计。

（1）创建漫游

进入标高 1 楼层平面视图，选择"视图"选项卡→"创建"面板→"三维视图"下拉菜单→"漫游"工具。在选项栏处，相机的默认偏移量为"1 750.0"，也可自行修改，如图 2-4-27 所示。

图 2-4-27

光标移至绘图区域，在平面视图中单击开始绘制路径，即漫游所要经过的路线。光标每单击一个点，即创建一个帧，沿模型外围逐个单击放置关键帧。若放置时看不到放置的相机，则在属性浏览器中取消"裁剪视图"选项。路径围绕模型一周后，单击选项栏"完成漫游"按钮或按"Esc"键完成漫游路径的绘制，如图 2-4-28 所示。

完成路径绘制后，项目浏览器出现"漫游"项，可以看到刚刚创建的漫游名称是"漫游 1"。双击"漫游 1"打开漫游视图。选择"窗口"面板中的"关闭隐藏对象"工具，双击项目浏览器中"楼层平面"项下的"标高 1"，打开一层平面，选择"窗口"面板中的"平铺"工具，此时绘图区域同时显示平面视图和漫游视图。

在"视图控制栏"将"漫游 1"视图的"视觉样式"替换显示为"着色"，选择渲染视口边界，单击视口四边上的控制点，按住并向外拖拽，放大视口，如图 2-4-29 所示。

（2）编辑漫游

完成漫游路径绘制后，可在"漫游 1"视图中选择外边框，从而选中绘制的漫游路径，在弹出的"修改|相机"上下文选项卡中，选择"漫游"面板中的"编辑漫游"工具，如图 2-4-30 所示。

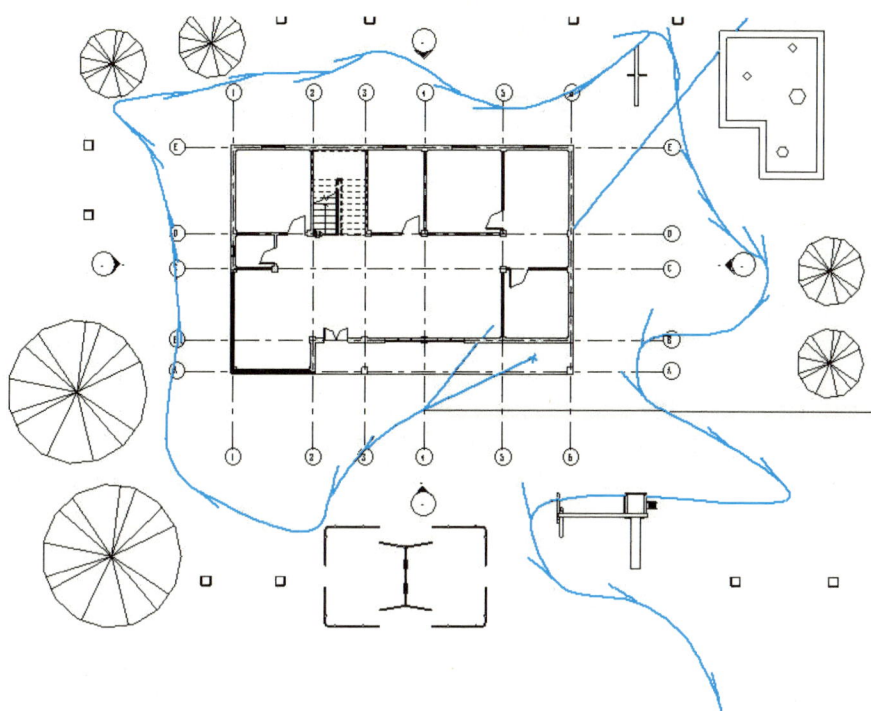

图 2-4-28

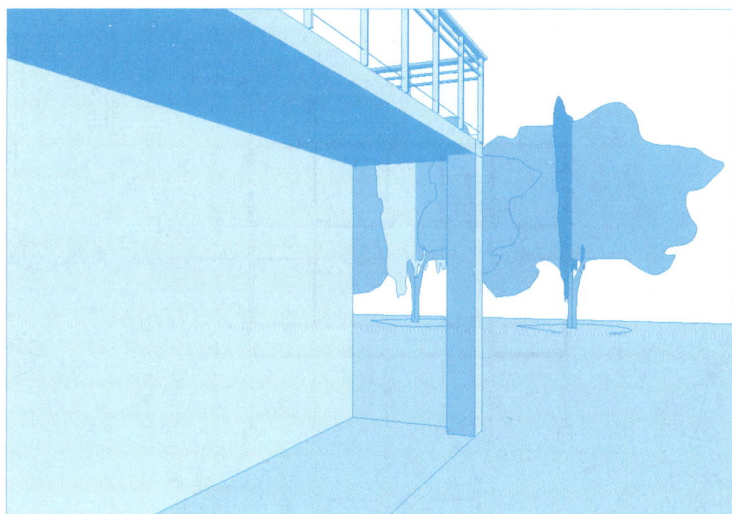

图 2-4-29

图 2-4-30

在选项栏"控制"下拉列表中可选择活动相机、路径、添加关键帧、删除关键帧 4 个选项，如图 2-4-31 所示。

图 2-4-31

选择"活动相机"后，平面视图中即出现由多个关键帧围成的红色相机路径，在相机所在的各个关键帧位置可调节相机的可视范围及相机前方的原点调整视角。完成一个位置的设置后，单击"编辑漫游"上下文选项卡→"漫游"面板→"下一关键帧"（图 2-4-32），设置各关键帧的相机视角，使每帧的视线方向和关键帧位置合适，从而得到完美的漫游，如图 2-4-33 所示。

图 2-4-32

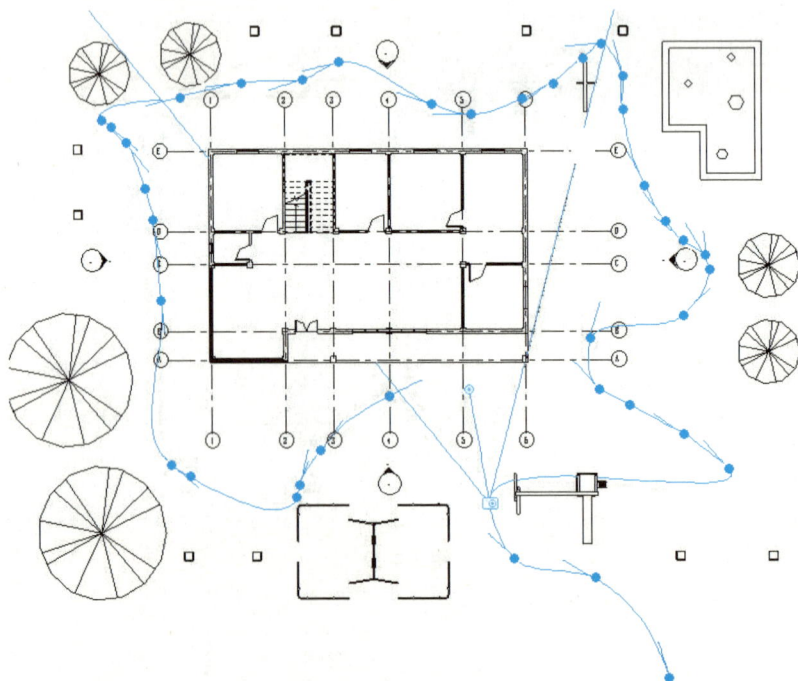

图 2-4-33

选择"路径"后，则平面视图出现由多个蓝点组成的漫游路径，拖动各个蓝点可调节路径。选择"添加关键帧"和"删除关键帧"后可添加/删除路径上的关键帧。

编辑完成后可单击选项栏中的"播放"键,播放刚完成的漫游。

(3)导出漫游

漫游创建完成后,单击"应用程序菜单"→"导出"→"图像和动画"→"漫游",弹出"长度/格式"对话框,如图 2-4-34 所示。其中,"帧/秒"项设置导出后漫游的速度为每秒多少帧,默认为 15 帧,播放速度会比较快,将设置改为 3 帧,播放速度比较合适。单击"确定(O)"按钮,弹出"导出漫游"对话框,输入文件名,选择文件类型与路径,单击"保存"按钮。弹出"视频压缩"对话框,默认为"全帧(非压缩的)",生成的文件较大,建议在下拉列表中选择压缩模式为"Microsoft Viedo 1"(图 2-4-35),此模式为大部分系统可以读取的模式,同时可以缩减文件大小,单击"确定"按钮将漫游文件导出为外部 AVI 文件。

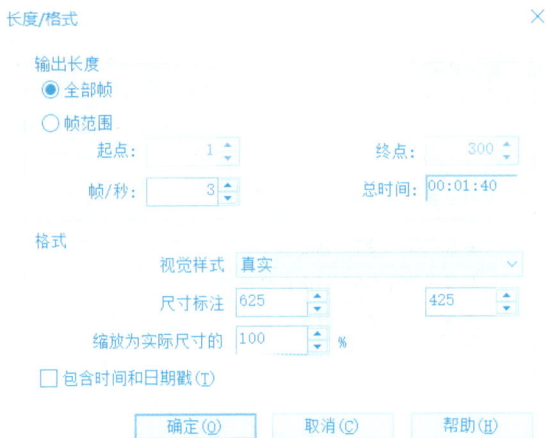

图 2-4-34

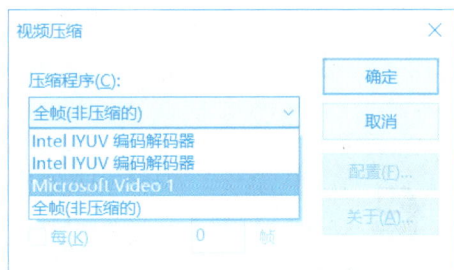

图 2-4-35

项目 3　族和体量

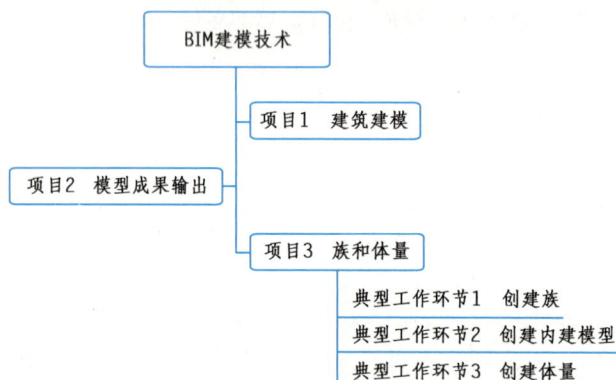

```
┌─────────────┐
│  BIM建模技术  │
└──────┬──────┘
       │      ┌──────────────┐
       ├──────│ 项目1　建筑建模 │
       │      └──────────────┘
┌──────────────┐
│ 项目2　模型成果输出 │
└──────────────┘
       │      ┌──────────────┐
       └──────│ 项目3　族和体量 │
              └──────┬───────┘
                     │  ┌──────────────────────┐
                     ├──│ 典型工作环节1　创建族     │
                     │  ├──────────────────────┤
                     ├──│ 典型工作环节2　创建内建模型 │
                     │  ├──────────────────────┤
                     └──│ 典型工作环节3　创建体量   │
                        └──────────────────────┘
```

学习目标

(1)了解族类型、族参数、体量等基本概念;

(2)掌握族三维形状创建方法;

(3)掌握内建模型创建方法及内建模型传递到其他项目的方法;

(4)掌握体量创建方法;

(5)掌握概念体量的应用。

能力目标

(1)具有对已有模型构件进行属性定义和参数编辑的能力;

(2)具有创建自定义构件的能力;

(3)具有创建概念体量并进行简单应用的能力。

素质目标

(1)具备自主创新意识与素养,以及实践中发现问题、分析问题及解决问题的能力;

(2)具备系统科学思维,提出多种解决问题思路的能力;

(3)具备诚信、敬业、科学、严谨的工作态度和较强的法律法规、安全、质量及环保意识。

典型工作环节 1　创建族

✖ 典型工作描述

族是 Revit 的重要组成部分,是根据参数(属性)集的共用、使用上的相同和图形表示的相似来对图元进行分组。一个族中不同图元的部分或全部属性可能有不同的值,但属性的设置是相同的。在族的创建中,包括 5 个实心形状工具和 5 个空心形状工具。本工作环节需要掌握使用实心形状和空心形状工具创建不同造型的方法。

学习目标

(1)了解族的概念及分类;
(2)掌握创建与编辑族(拉伸、融合、旋转、放样、放样融合)的方法;
(3)掌握族的应用。

任务书

使用实心形状和空心形状工具完成不同造型的创建,如图 3-1-1 所示。

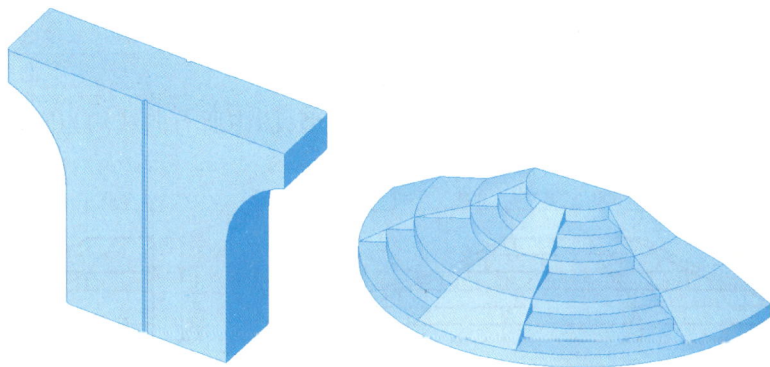

图 3-1-1

工作准备

(1)了解族的概念及分类;
(2)了解族的各种创建及编辑方法。

工作任务实施

工作任务 1:图 3-1-2 为某凉亭模型的立面图和平面图,请按照图中所示尺寸建立凉亭实体模型。["1+X"建筑信息模型(BIM)职业技能等级考试]

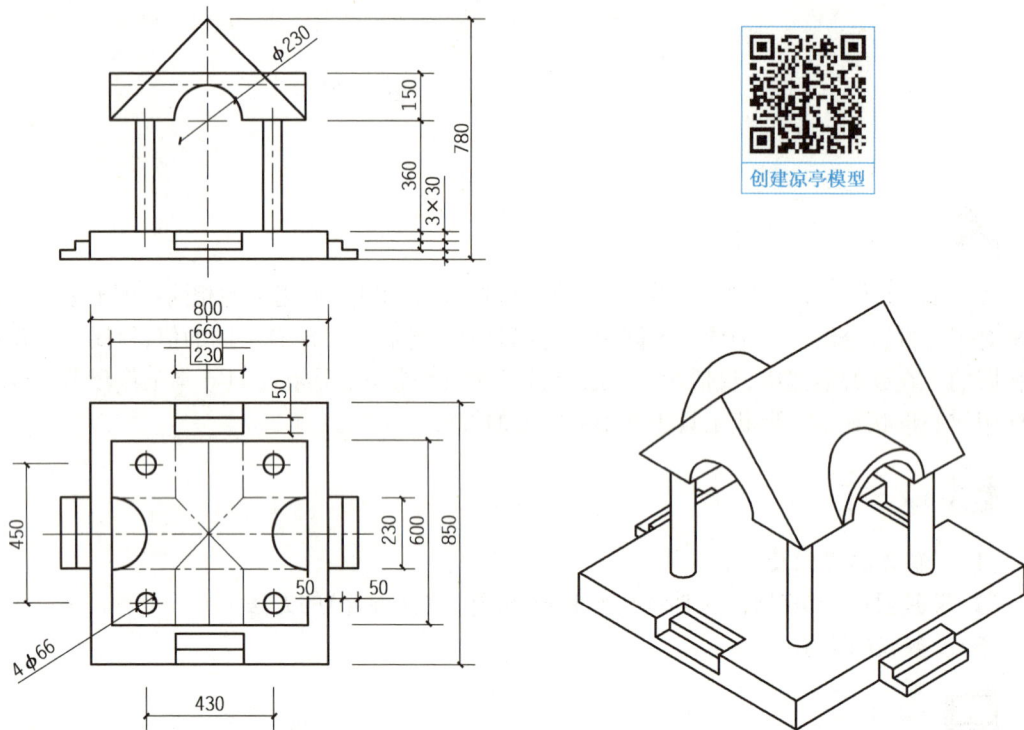

图 3-1-2

工作任务 2：根据图 3-1-3 给定尺寸建立台阶模型，图中所有曲线均为圆弧。（BIM 等级考试第十二期第一题）

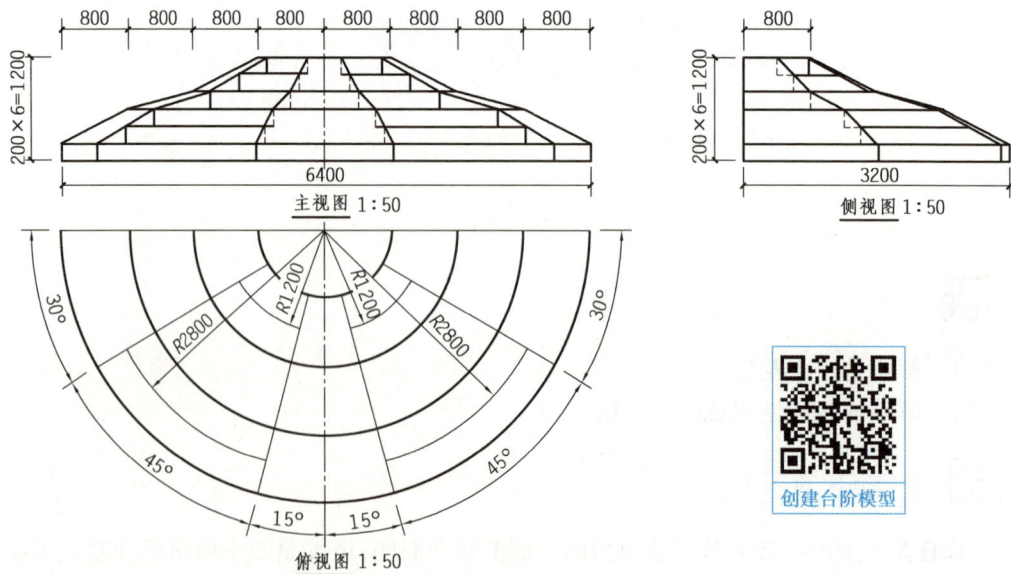

图 3-1-3

工作任务3：根据图 3-1-4 给定数据，用构件集形式创建 U 形墩柱，整体材质为混凝土。（BIM 等级考试第八期第四题）。

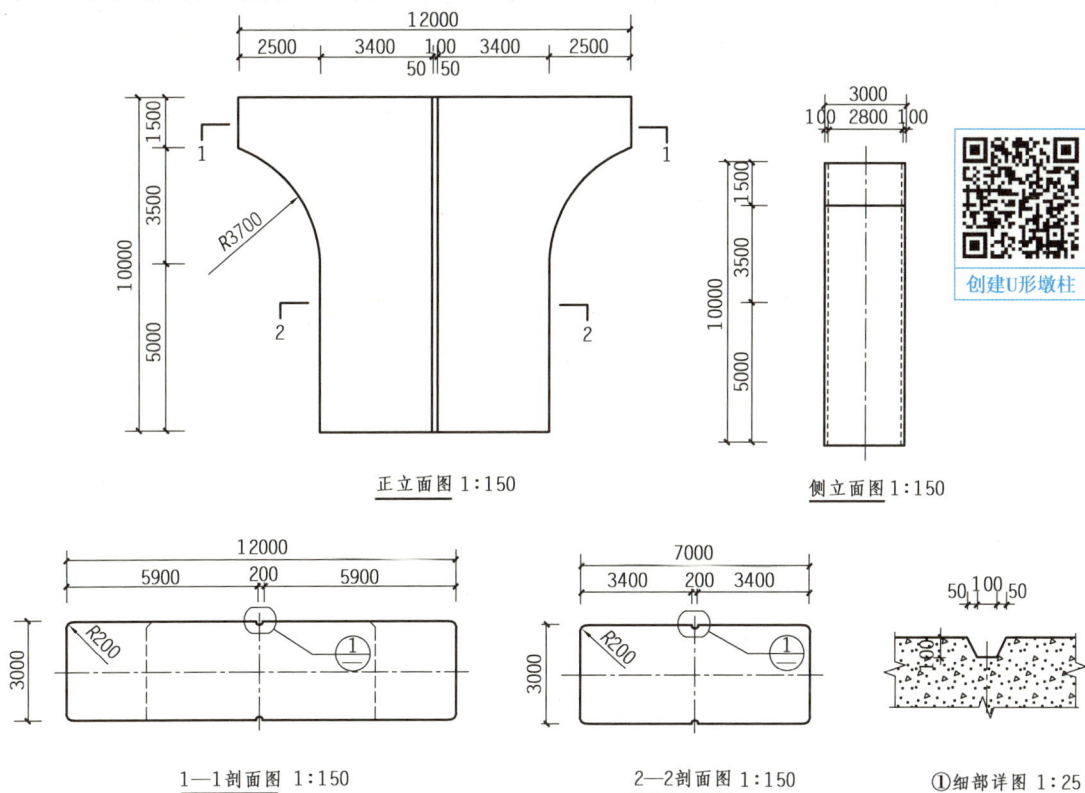

正立面图 1:150

侧立面图 1:150

创建U形墩柱

1—1剖面图 1:150

2—2剖面图 1:150

①细部详图 1:25

图 3-1-4

👍 评价反馈

工作任务评价与分析

评价项目	评价标准	参考分值	得分
族的概念和分类	正确区分内建族、系统族与可载入族	20	
创建族的基本方法	创建族的基本方法选用正确 能够根据要求创建实心形状和空心形状来完成不同造型	80	
总评			

相关知识点

知识点 1:族的分类

(1)内建族

在 Revit 中,内建族是在项目环境中可以直接制作建筑构件的自定义族,如图 3-1-5 所示,它是 Revit 的重要组成部分。

图 3-1-5

内建族的应用范围主要有以下几种:

①表面或形体不规则的墙体;

②独特或不常见的几何图形;

③不需要重复利用的自定义构件;

④需要参照项目中的其他构件的几何图形。

(2)系统族

系统族在 Revit 中已预定义保存在样板中,系统族无法创建,但可以通过修改、复制出新的族类型来方便自定义。系统族中至少应包含一个系统族类型,除此以外的其他系统族类型都可以删除。系统族类型可以在项目和样板之间复制、粘贴或者通过传递项目标准进行传递。

系统族包括基本建筑图元,如墙、屋顶、天花板、楼板及楼梯等,也包括项目设置、标高、轴网、图纸和视图等图元类型。

例如,在项目浏览器中展开"族"分组,点开"墙"类别,可以看到系统族"墙"的类型,如图 3-1-6 所示。

(3)可载入族

可载入族具有高度可自定义的特点,因此它是 Revit 中最经常创建和修改的族,如图 3-1-7 所示。可载入族除了可以载入项目中使用以外,也可以将族载入其他族中(嵌套族)来组合、创建新的族,通过将现有族嵌套在其他族中可以节省建模时间。

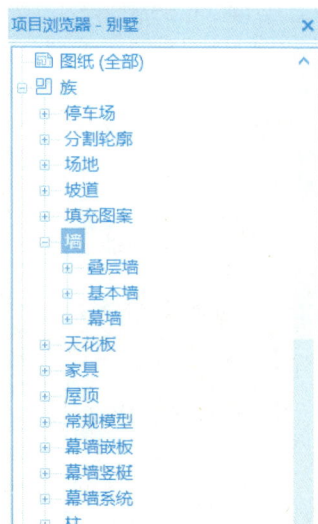

图 3-1-6

图 3-1-7

如图 3-1-8 所示,可载入族的应用范围如下:

①建筑构件:门、窗、家具等。

②结构构件:梁、柱、钢筋形状等。

③系统构件:锅炉、热水器、空气处理设备等。

④注释图元:符号、标记、标题栏。

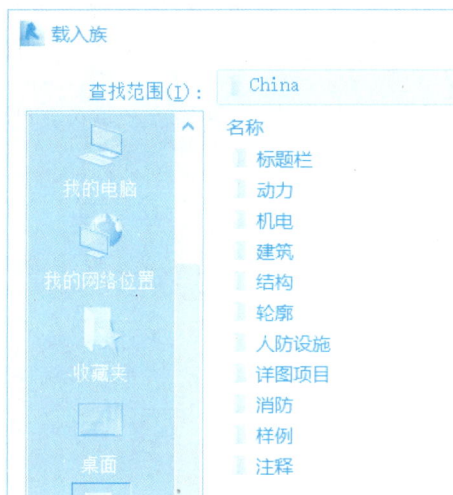

图 3-1-8

知识点 2:族样板

创建族,必须选择合适的族样板,Revit 附带大量的族样板(模型族样板、注释族样板和标题栏样板)。在新建族时,根据用户选择的样板,新族有特定的默认内容,如参照平面和子类别。

创建自定义的可载入族时,在 Revit 打开界面的"族"选项区域中单击"新建…"按钮,弹出"新族-选择样板文件"对话框,从系统默认的族样板文件存储路径下选择族样板文件,单击"打开(O)"按钮即可,如图 3-1-9 所示。

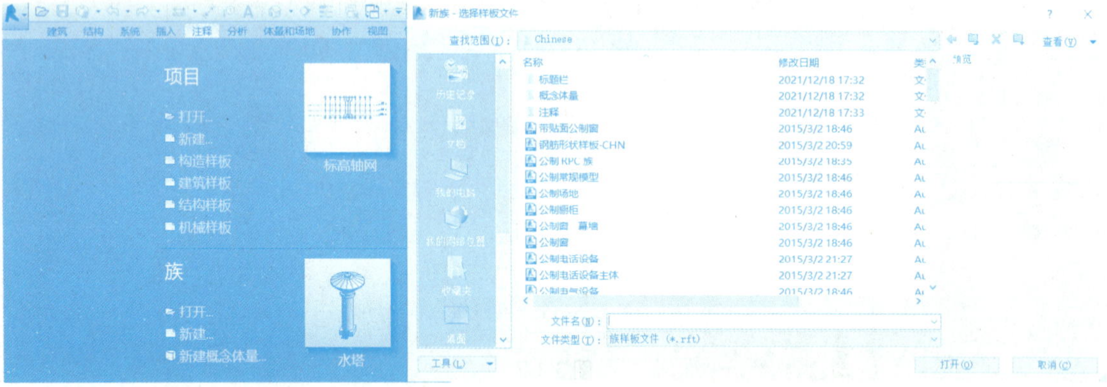

图 3-1-9

知识点 3:创建族

创建族的工具主要有两种:一种是基于二维截面轮廓得到的模型,称为实心形状;另一种是基于已建立的模型剪切得到的模型,称为空心形状。

创建实心形状的工具包括拉伸、融合、旋转、放样、放样融合等。创建空心形状的工具包括空心拉伸、空心融合、空心旋转、空心放样、空心放样融合等,如图 3-1-10 所示。

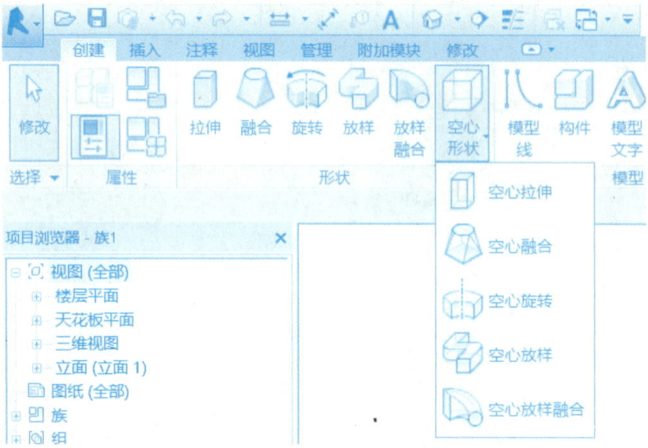

图 3-1-10

(1)拉伸

"拉伸"工具通过绘制一个封闭截面,沿垂直于截面工作平面方向进行拉伸,精确控制拉伸深度后而得到拉伸模型。

①在 Revit 打开界面的"族"选项区域中单击"新建..."按钮,弹出"新族-选择样板文件"对话框,选择"公制常规模型.rft"作为族样板,如图 3-1-11 所示,单击"打开"按钮进入族编辑器模式。

②单击"创建"选项卡→"形状"面板→"拉伸"  ,自动切换至"修改|创建拉伸"上下文选项卡,如图 3-1-12 所示。

③利用"绘制"面板中的"内接多边形"工具(图 3-1-13)绘制正五边形形状。

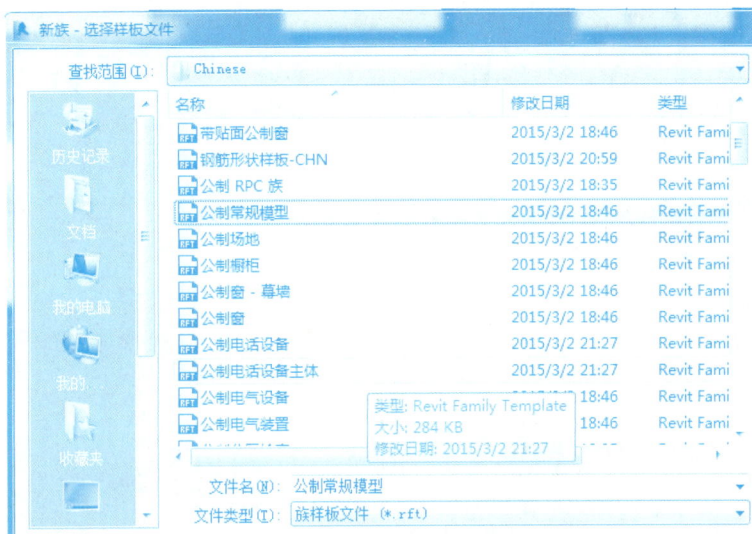

图 3-1-11

图 3-1-12

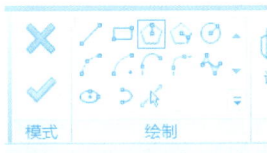

图 3-1-13

④在选项栏设置深度值为"1 000.0",边数为"5",半径为"1 000.0",单击"✓",结果如图 3-1-14 所示。

⑤在项目浏览器中切换至三维视图,显示三维模型的效果,如图 3-1-15 所示。

(2)融合

"融合"工具用于对两个平行平面上的形状进行融合建模。融合与拉伸的不同之处在于,拉伸的端面是相同的,而且不会扭转,融合的端面可以是不同的,因此在创建融合时需要绘制两个截面图形。

①在 Revit 打开界面的"族"选项区域中单击"新建…"按钮,弹出"新族-选择族样板文件"对话框,选择"公制常规模型.rft"作为族样板,单击"打开"按钮进入族编辑器模式。

②单击"创建"选项卡→"形状"面板→"融合"，自动切换至"修改|创建融合底部边界"上下文选项卡。

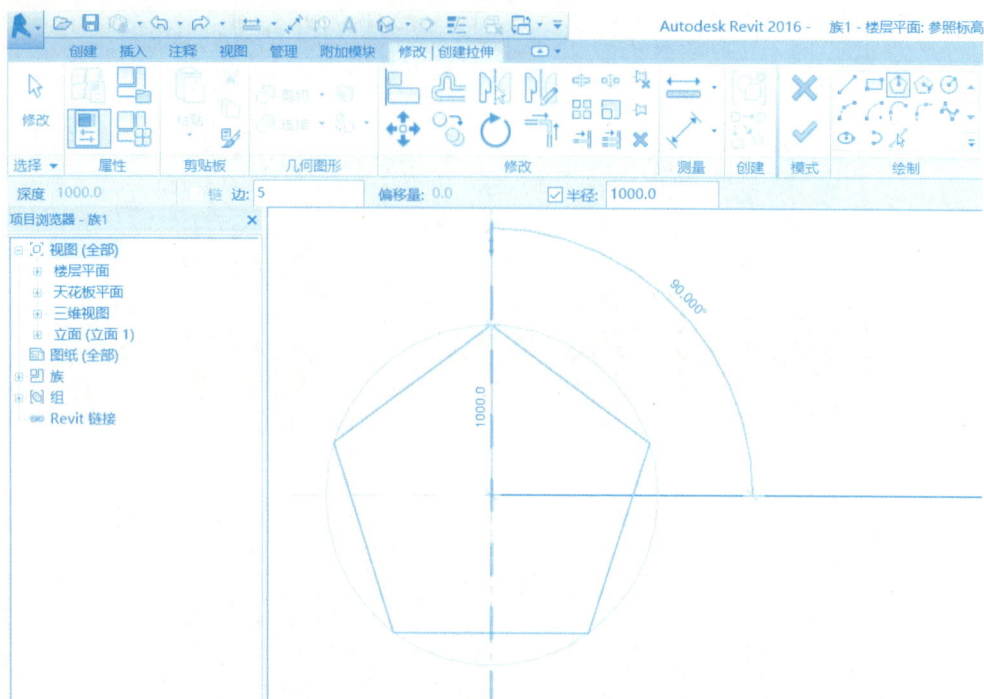

图 3-1-14

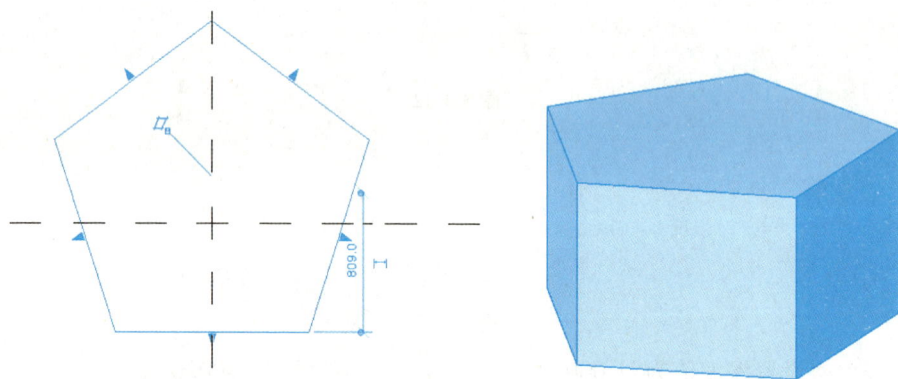

图 3-1-15

③利用"绘制"面板中的"椭圆"工具绘制如图 3-1-16 所示的形状。

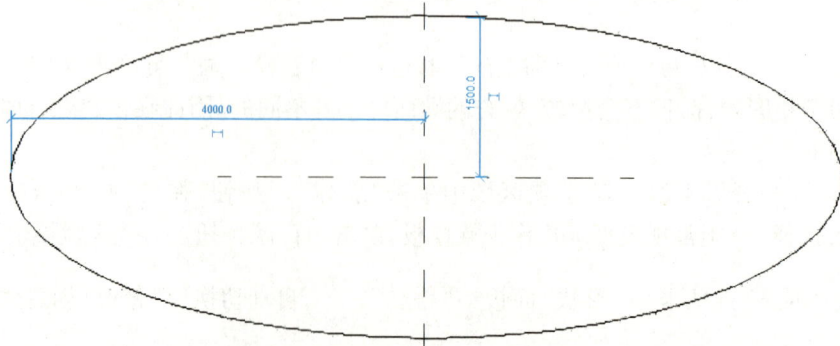

图 3-1-16

④在"模式"面板中选择"编辑顶部"工具(图 3-1-17),切换到绘制顶部的平面上,再利用"圆形"工具绘制如图 3-1-18 所示的圆。

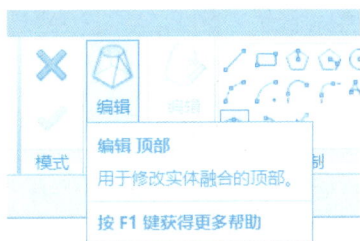

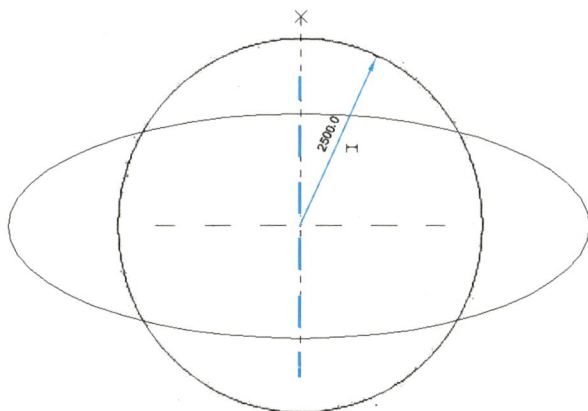

图 3-1-17   图 3-1-18

⑤在选项栏设置深度为"2 500.0",单击"✔"完成融合模型的创建。三维模型效果如图 3-1-19 所示。

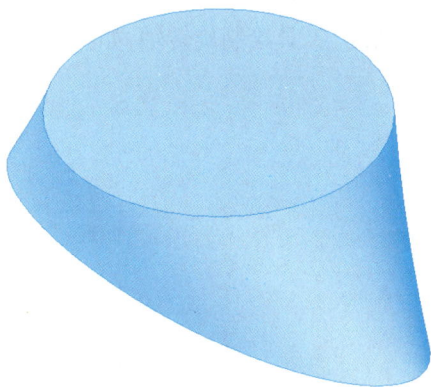

图 3-1-19

(3)旋转

"旋转"工具可用来创建由一根旋转轴旋转截面图形而得到的几何图形。创建旋转模型,要绘制边界线和轴线。截面图形必须是封闭的。

①在 Revit 打开界面的"族"选项区域中单击"新建…"按钮,弹出"新族-选择样板文件"对话框,选择"公制常规模型.rft"作为族样板,单击"打开"按钮进入族编辑器模式。

②单击"创建"选项卡→"基准"面板→"参照平面" ,创建新的参照平面,如图 3-1-20 所示。

③单击"创建"选项卡→"形状"面板→"旋转" ,自动切换至"修改|创建旋转"上下文选项卡。

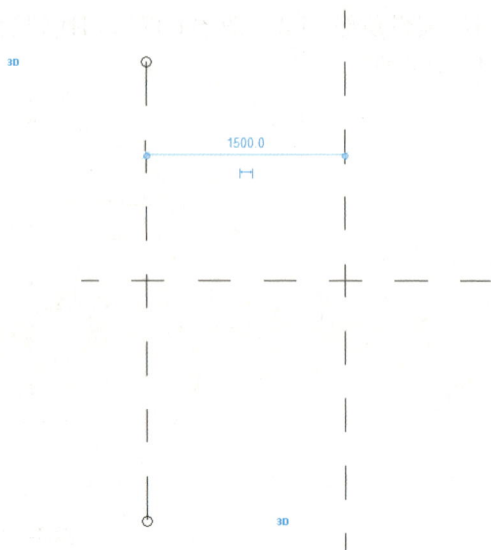

图 3-1-20

④首先绘制边界线:利用"绘制"面板中的"圆"工具绘制如图 3-1-21 所示的形状;其次绘制轴线:利用"绘制"面板中的"轴线"工具绘制旋转轴,如图 3-1-22 所示。

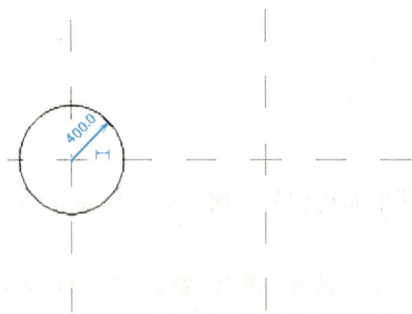

图 3-1-21

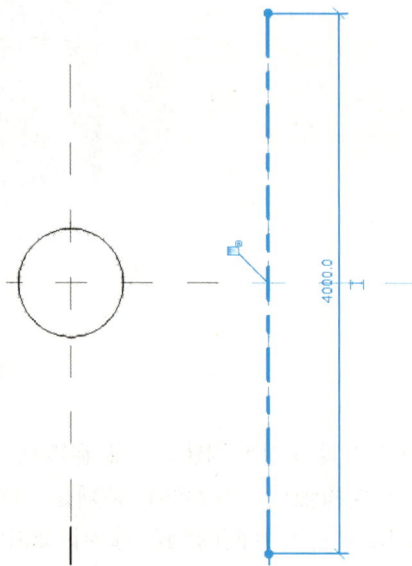

图 3-1-22

⑤单击"✔"完成旋转模型的创建。三维模型效果如图 3-1-23 所示。

(4)放样

"放样"工具是用于创建需要绘制轮廓并沿一条路径拉伸此轮廓的族的一种建模方式。创建放样模型,要绘制路径和轮廓。路径可以是不封闭的,轮廓必须是封闭的。

①在 Revit 打开界面的"族"选项区域中单击"新建…"按钮,弹出"新族-选择样板文件"对话框,选择"公制常规模型.rft"作为族样板,单击"打开"按钮进入族编辑器模式。

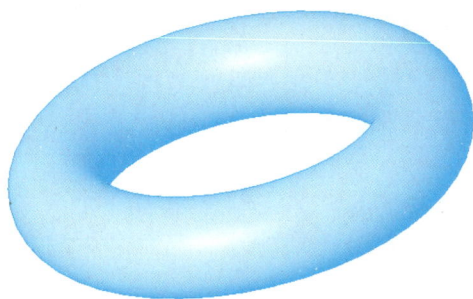

图 3-1-23

②单击"创建"选项卡→"形状"面板→"放样" ，自动切换至"修改 | 放样"上下文选项卡，如图 3-1-24 所示。

图 3-1-24

③单击"放样"面板中的"绘制路径" ，绘制如图 3-1-25 所示的路径。单击" "，退出路径编辑模式。

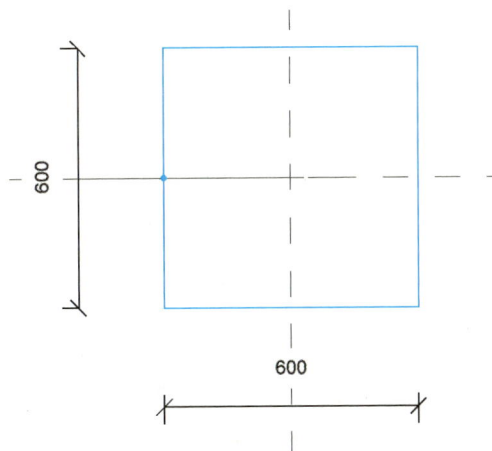

图 3-1-25

④选择"编辑轮廓"工具，弹出如图 3-1-26 所示"转到视图"对话框，选择"立面:前"视图来绘制如图 3-1-27 所示的截面轮廓。

⑤连续单击" "，完成放样模型的创建。三维模型效果如图 3-1-28 所示。

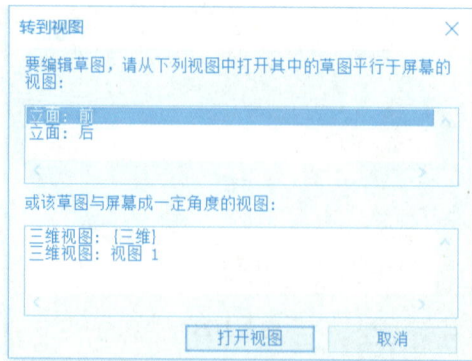

图 3-1-26

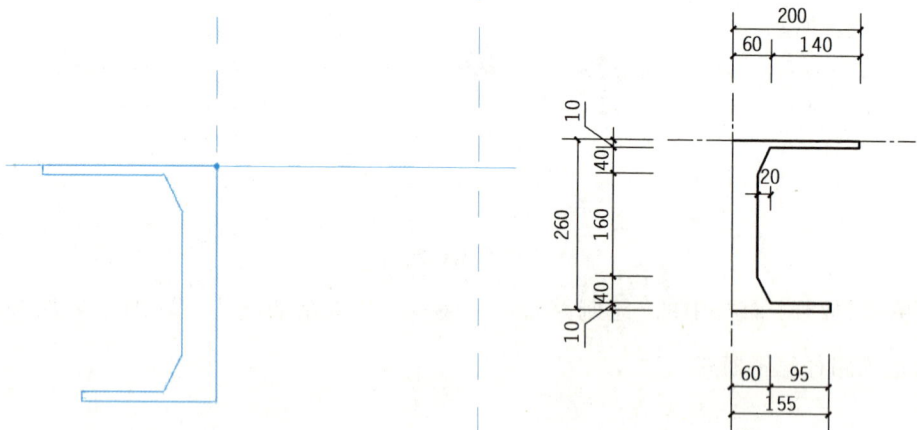

图 3-1-27

图 3-1-28

（5）放样融合

"放样融合"工具可以创建具有两个不同轮廓截面的融合模型，用户可以根据需要创建沿指定路径进行放样的放样模型，这个工具兼具"放样"与"融合"工具的特性。

①在 Revit 打开界面的"族"选项区域中单击"新建…"按钮，弹出"新族-选择样板文件"对话框，选择"公制常规模型. rft"作为族样板，单击"打开"按钮进入族编辑器模式。

②单击"创建"选项卡→"形状"面板→"放样融合" ，自动切换至"修改 | 放样融合"上下文选项卡，如图 3-1-29 所示。

图 3-1-29

③单击"放样融合"面板中的"绘制路径" ，绘制如图 3-1-30 所示的路径。单击" ✔ "，退出路径编辑模式。

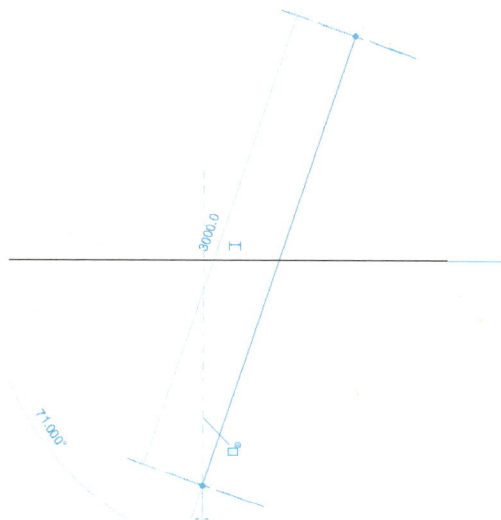

图 3-1-30

④单击"选择轮廓 1" ，再单击"编辑轮廓" ，在弹出的"转到视图"对话框中选择"立面:前"视图来绘制截面轮廓，如图 3-1-31 所示。

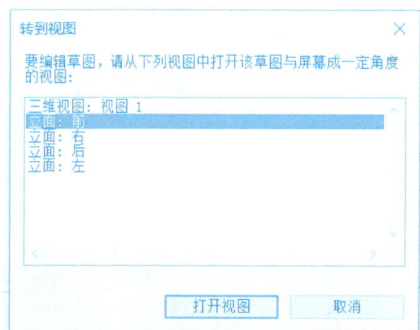

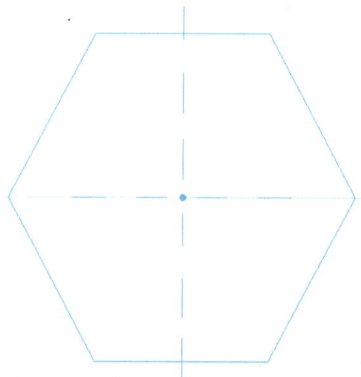

图 3-1-31

⑤如图 3-1-32 所示,单击"选择轮廓 2" 选择轮廓2 ,切换到轮廓 2 的平面,再单击"编辑轮廓" 编辑轮廓 ,绘制轮廓 2,如图 3-1-33 所示。

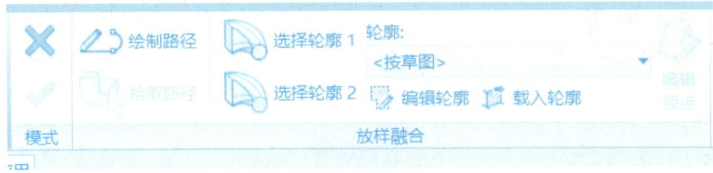

图 3-1-32

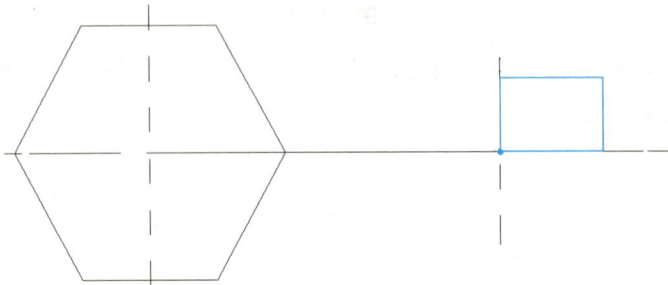

图 3-1-33

⑥单击" ✔ "完成放样融合模型的创建。三维模型效果如图 3-1-34 所示。

图 3-1-34

知识点 4:空心形状

空心形状是在现有模型基础上执行剪切操作,有时也会将实心形状转换成空心形状使用。实心形状的创建是增材操作,空心形状的创建则是减材操作。

空心形状的操作与实心形状的操作是完全相同的。如果要将实心形状转换成空心形状,则可选中实心形状,在属性浏览器中选择"空心"选项,如图 3-1-35 所示。

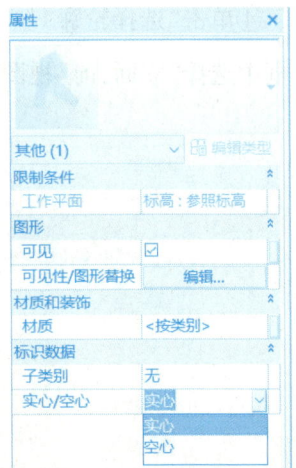

图 3-1-35

典型工作环节 2　创建内建模型

🛠 典型工作描述

对于一些附着于墙体、楼板或者屋顶的零散构件,可以通过内建模型来创建。内建模型的创建方式同样有拉伸、融合、旋转、放样、放样融合,以及对应空心形状的创建。本工作环节需要掌握内建模型的创建方法,了解内建模型传递到其他项目的方法,按要求完成实例工程入口处台阶的创建。

👨‍🏫 学习目标

(1)掌握内建模型的创建方法;
(2)了解内建模型传递到其他项目的方法。

📖 任务书

根据要求创建实例工程入口处的台阶。

🖥 工作准备

(1)了解内建模型的定义;
(2)了解内建模型的创建方法。

🔢 工作任务实施

工作任务 1:按附录图纸要求完成实例工程入口处台阶的绘制。

_____

_____

_____

工作任务 2:绘制图 3-2-1 所示墙体,墙体类型、墙体高度、墙体厚度及墙体长度自定义,材质为灰色普通砖,参照图中的标注尺寸在墙体上开一个拱门洞。以内建常规模型的方式沿洞口生成装饰门框,门框轮廓材质为樱桃木,样式见 1—1 剖面图。要求:①绘制墙体,完成洞口创建;②正确使用内建模型工具绘制装饰门框。[2019 年第一期"1+X"建筑信息模型(BIM)职业技能等级考试第一题]

绘制墙体及
装饰门框

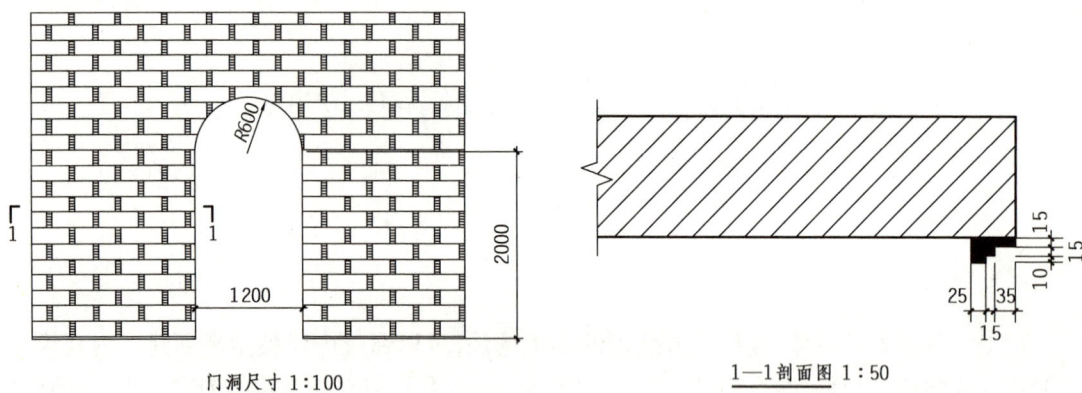

图 3-2-1

👍 评价反馈

工作任务评价与分析

评价项目	评价标准	参考分值	得分
创建内建模型	室外台阶等内建模型的创建方法正确	60	
内建模型传递方法	内建模型传递到其他项目的方法正确	40	
总评			

相关知识点

知识点 1:放样创建实例工程入口处台阶

进入标高 1 楼层平面视图,单击"建筑"选项卡→"构建"面板→"构件"下拉菜单,选择"内建模型"工具(图 3-2-2),进入"族类别和族参数"对话框(图 3-2-3),确认"过滤器列表"中为"建筑",选择"常规模型",命名为"室外台阶"(图 3-2-4),单击"确定"按钮,进入内建模型界面,如图 3-2-5 所示。

图 3-2-2

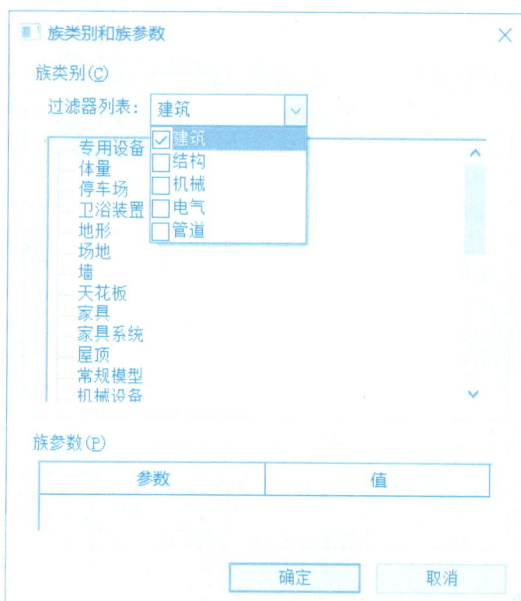

图 3-2-3

图 3-2-4

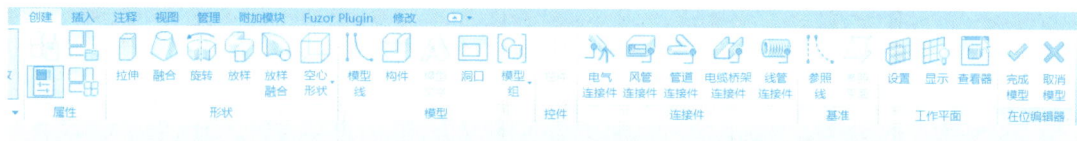

图 3-2-5

选择"形状"面板→"放样"工具,进入"修改|放样"上下文选项卡,如图 3-2-6 所示。单击"绘制路径"绘制路径,进入"修改|放样>绘制路径"界面。

图 3-2-6

修改属性浏览器,材质为"混凝土",如图 3-2-7 所示。选择"绘制"面板中的"直线"工具,如图 3-2-8 所示。单击Ⓐ轴与②轴交点,移动光标至Ⓐ轴与⑥轴交点单击,继续移动光标至Ⓑ轴与⑥轴交点单击,绘制路径,如图 3-2-9 所示。单击"✔"完成路径绘制。

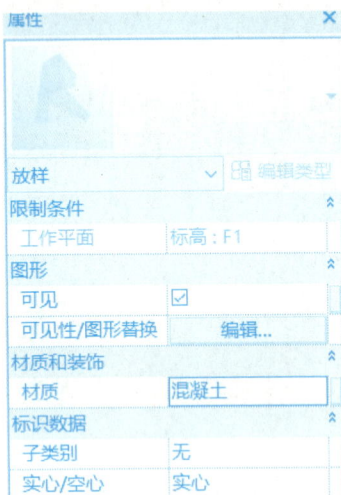

图 3-2-7

图 3-2-8

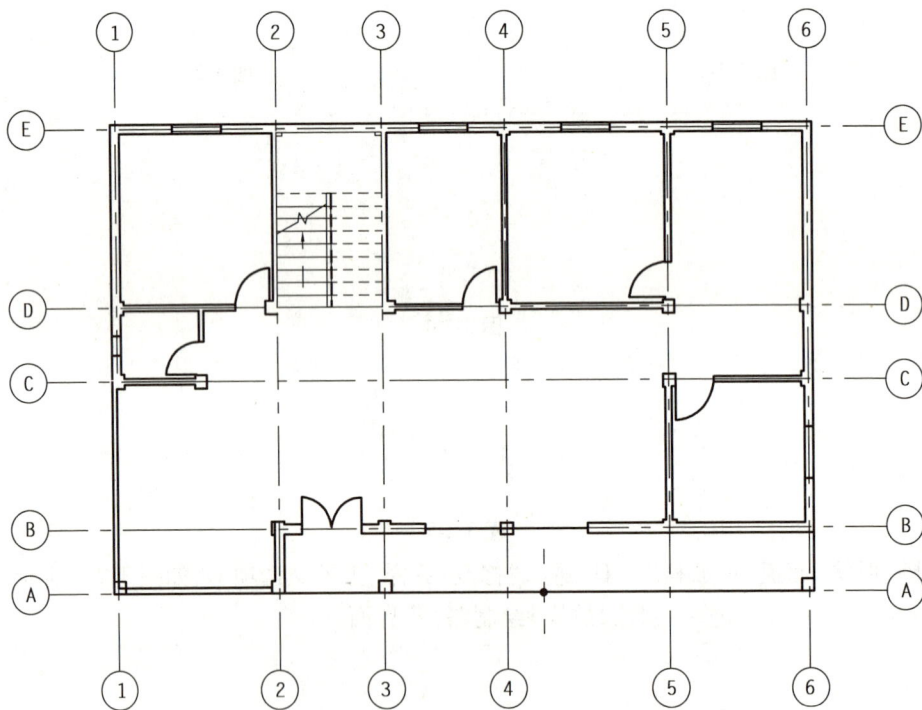

图 3-2-9

如图 3-2-10 所示，单击"放样"面板→"编辑轮廓"，弹出如图 3-2-11 所示"转到视图"对话框，选择"立面:西"视图，单击"打开视图"按钮。

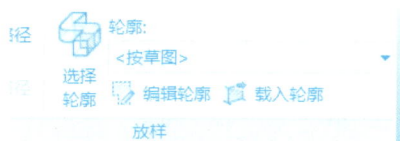

图 3-2-10

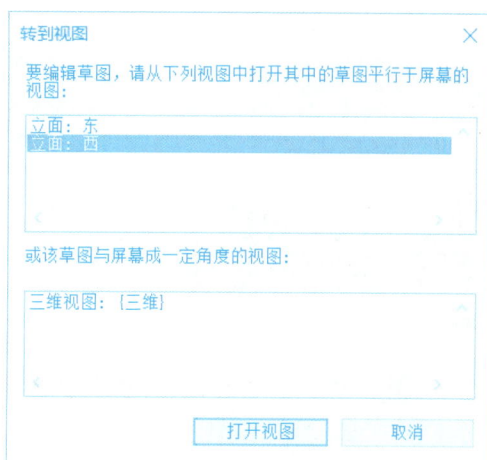

图 3-2-11

进入"修改|放样>编辑轮廓"上下文选项卡(图 3-2-12),确认选项栏中勾选"链","偏移量"为"0.0",绘制方式选择"直线"。按图 3-2-13 所示,绘制台阶轮廓,单击"✓",完成对放样轮廓的编辑。

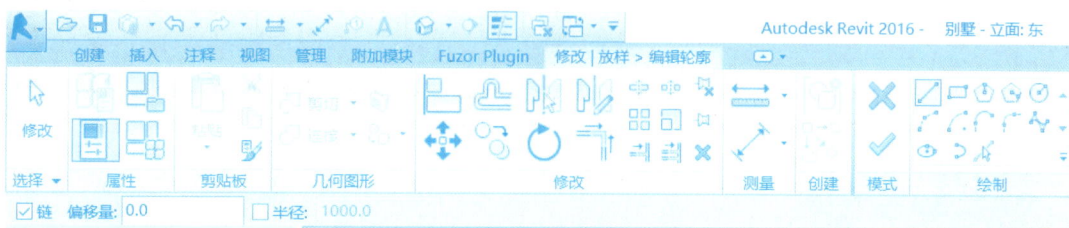

图 3-2-12

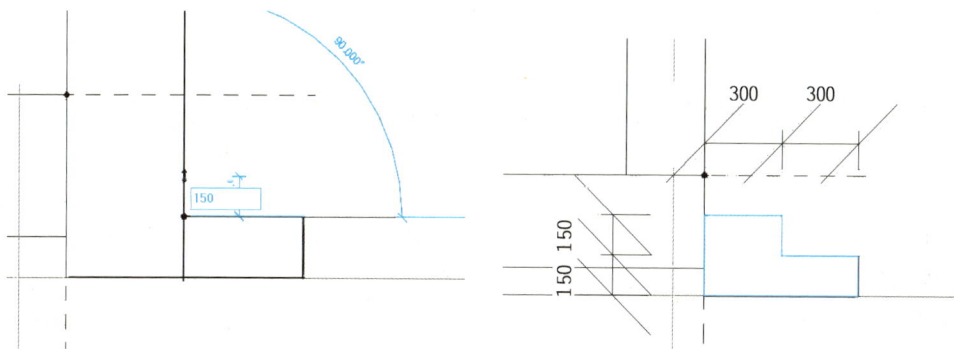

图 3-2-13

如图 3-2-14 所示,单击"✓",完成放样;再次单击"✓",完成内建室外台阶模型的创建,如图 3-2-15 所示。

图 3-2-14

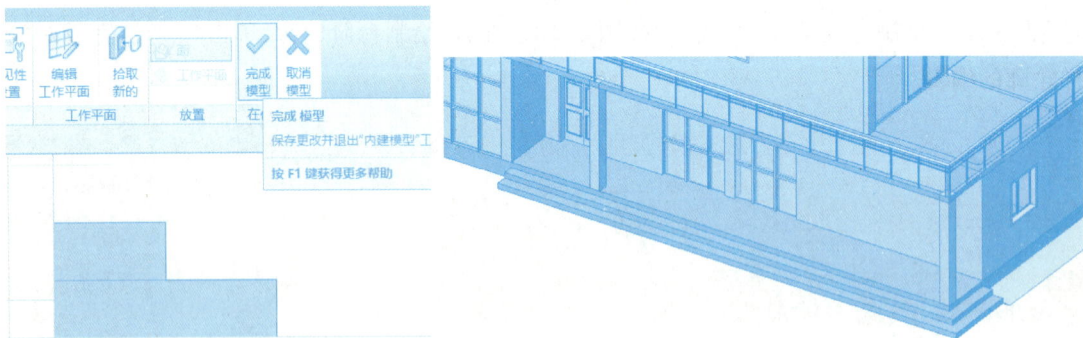

图 3-2-15

知识点2：将内建模型传递到其他项目

内建模型无法保存为单独的族文件。如果其他项目也需要使用当前项目的内建模型时，则可通过两种方式进行内建模型的传递。

（1）利用"剪贴板"复制

选中已绘制好的内建模型，单击"修改|常规模型"上下文选项卡→"剪贴板"面板→"复制到剪贴板"，完成模型复制，如图 3-2-16 所示。在另一个项目文件中单击"修改"选项卡→"剪贴板"面板→"粘贴"下拉菜单→"从剪贴板中粘贴"（图 3-2-17），再单击需要放置模型的位置，完成内建模型的传递。

（2）利用"创建组"工具载入

选中绘制的内建模型，单击"修改|常规模型"上下文选项卡→"创建"面板→"创建组"（图 3-2-18），弹出"创建模型组"对话框（图 3-2-19），可以对组进行命名，单击"确定"按钮完成模型成组。

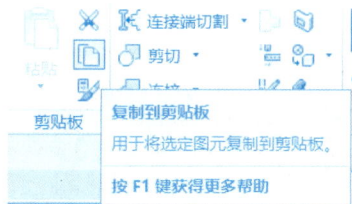

图 3-2-16

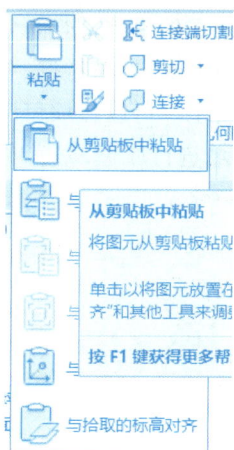

图 3-2-17

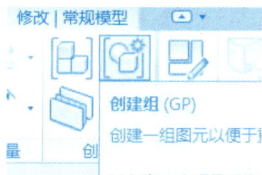

图 3-2-18

图 3-2-19

在项目浏览器中找到创建的组（图 3-2-20），鼠标右键单击"组 1"，选择"保存组"，弹出"保存组"对话框，选择要保存的位置，可以修改文件名，默认与组名相同，单击"保存(S)"按钮完成内建模型组的保存，如图 3-2-21 所示。

图 3-2-20

图 3-2-21

在另一个项目文件中,单击"插入"选项卡→"从库中载入"面板→"作为组载入"(图3-2-22),弹出"将文件作为组载入"对话框,找到之前保存的组文件,单击"打开(O)"按钮,完成组的载入,如图3-2-23所示。可以在项目浏览器中找到载入的组文件(图3-2-24),用鼠标左键拖拽"组1"至绘图区域进行放置,完成内建模型的载入。

图 3-2-22

图 3-2-23

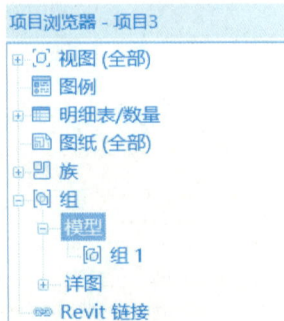

图 3-2-24

典型工作环节 3　创建体量

✕ 典型工作描述

概念体量是用户自定义的三维模型族,主要用于在项目前期概念设计阶段为建筑师提供灵活、简单、快速的概念设计模型。使用概念体量模型不仅可以帮助建筑师推敲建筑形态,还可以统计概念体量模型的建筑楼层面积、占地面积、外表面积等设计数据。用户可以在概念体量模型表面创建建筑模型中的墙、楼板、屋顶等图元对象,完成从概念设计到方案、施工图设计的转换。本工作环节需要了解概念体量的含义,掌握体量创建与编辑方法以及体量的应用。

🏫 学习目标

(1)了解概念体量的含义;
(2)掌握体量创建与编辑方法;
(3)掌握体量的应用。

📖 任务书

使用实心形状和空心形状工具完成不同造型的创建,如图 3-3-1 所示。

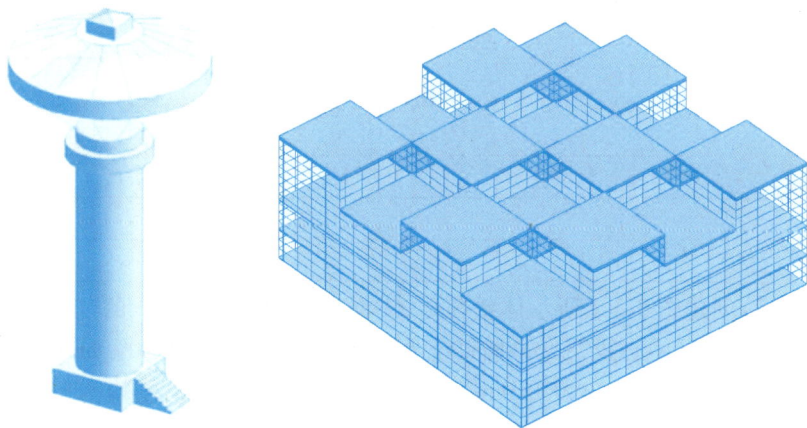

图 3-3-1

🖥 工作准备

分析体量的构成,给出初步解决方案。

🔢 工作任务实施

工作任务 1：图 3-3-2 为某水塔，按图示尺寸要求建立水塔的实心体量模型。（BIM 等级考试第五期第三题）

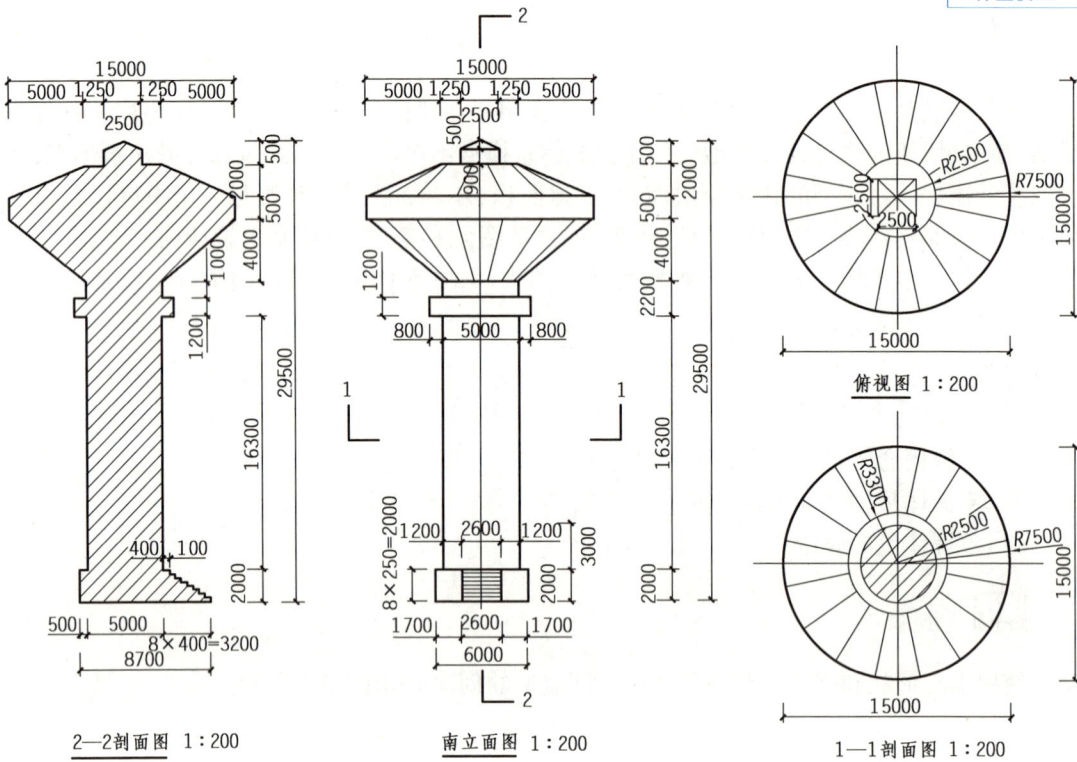

图 3-3-2

工作任务 2：创建图 3-3-3 所示体量模型，①面墙为厚度 200 mm 的"常规-200 mm 厚面墙"，定位线为"核心层中心线"；②幕墙系统为网格布局 600 mm×1 000 mm（即横向网格间距为 600 mm，竖向网格间距为 1 000 mm），网格上均设置竖梃，竖梃均为圆形，竖梃半径为 50 mm；③屋顶为厚度 400 mm 的"常规-400 mm"屋顶；④楼板为厚度 150 mm 的"常规-150 mm"楼板，标高 1 至标高 6 上均设置楼板。[2019 年第一期"1+X"建筑信息模型（BIM）职业技能等级考试第二题]

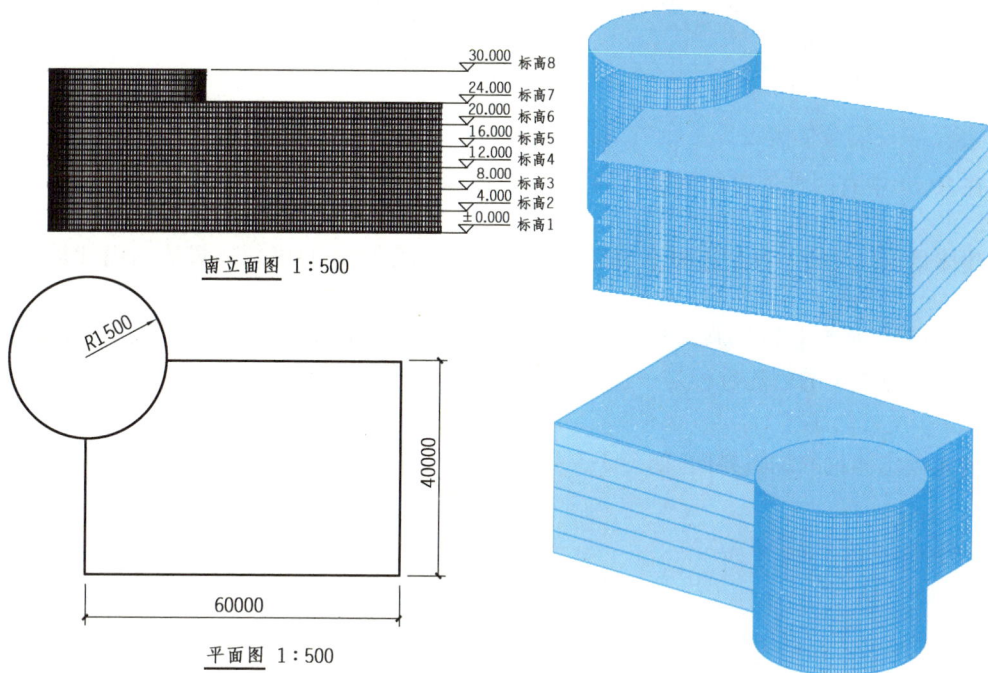

南立面图 1:500

平面图 1:500

图 3-3-3

评价反馈

工作任务评价与分析

评价项目	评价标准	参考分值	得分
了解概念体量的含义	概念体量的含义理解正确	10	
掌握创建与编辑体量	体量的创建方式运用正确 体量创建与编辑正确	30	
掌握体量的应用	体量导入与导出符合要求 创建面楼板操作正确 创建面屋顶操作正确 创建面墙操作正确 创建幕墙系统操作正确	60	
总评			

相关知识点

知识点 1：概念体量设计基础

在 Revit 中有两种创建体量模型的方式：一种是利用项目文件中"体量和场地"选项卡下的内建体量 内建 体量 ；另一种是在概念体量族编辑器中创建独立的概念体量族。内建体量仅可用于当前项目，而概念体量族文件可以像其他族文件一样以载入族的形式载入不同的项目中。两种体量模型的创建过程是一样的。

（1）新建概念体量

进入概念体量的编辑界面，如图 3-3-4 所示。

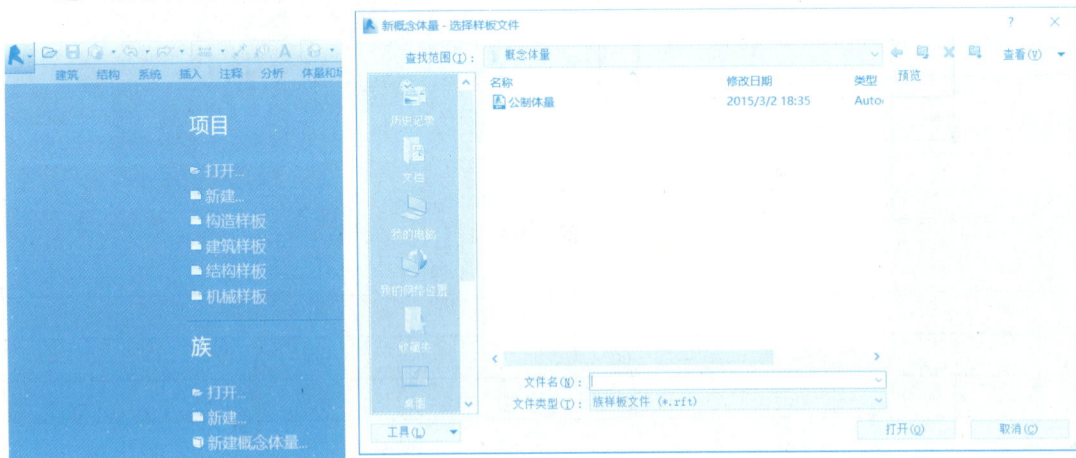

图 3-3-4

在"公制体量.rft"族样板中，提供了基本标高和相互垂直且垂直于标高平面的两个参照平面，可以理解为 X、Y、Z 坐标平面，三个平面的交点可以理解为坐标原点。在创建体量模型时，通过指定轮廓所在平面及距离原点的相对位置来定位轮廓的空间位置，如图 3-3-5 所示。

"创建"选项卡下的"绘制"面板是概念体量草图绘制的工具面板，如图 3-3-6 所示。概念体量草图创建包括模型线和参照线两种形式。两种草图工具创建的图形样式及修改方式均不相同。基于模型线的图形，显示为实线，可以直接编辑表面和顶点，并且无须依赖另一个形状或参照类型创建；基于参照线的图形显示为虚线参照平面，只能通过编辑参照图元来进行编辑，其依赖的参照图元发生变化时，基于参照的形状也随之变化。

（2）概念体量的形式

概念体量包括实心形状和空心形状两种形式。空心形状的作用是剪切实心形状，空心形状和实心形状可以通过设置属性进行转换。如在平面图中绘制一任意直径的圆，选择实心形状创建一个球，通过改变属性浏览器中的"实心/空心"将在实心和空心中切换，如图 3-3-7 所示。通过图 3-3-8 可以观察到实心形状和空心形状的变化。

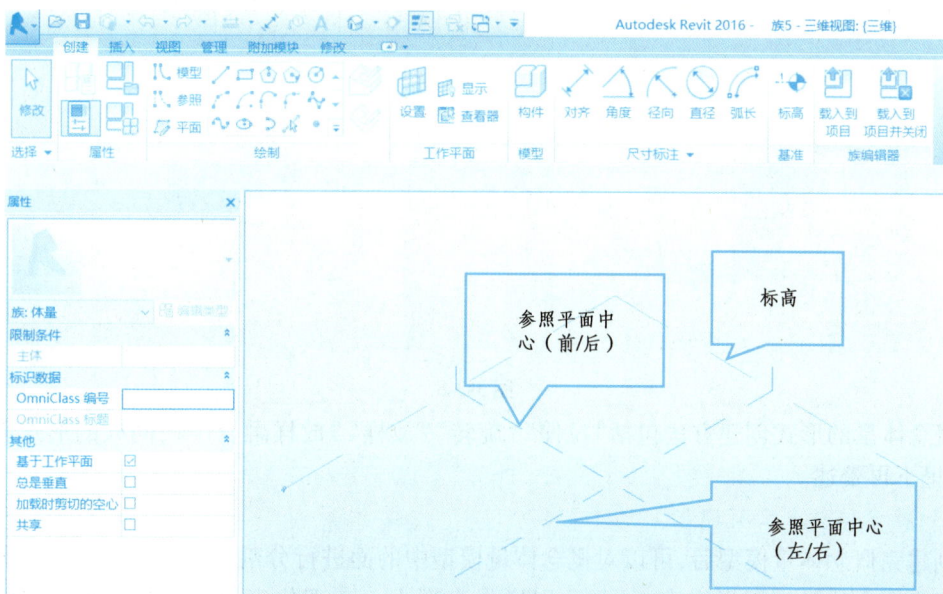

图 3-3-5

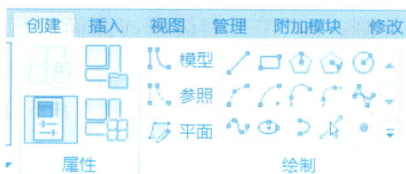

图 3-3-6

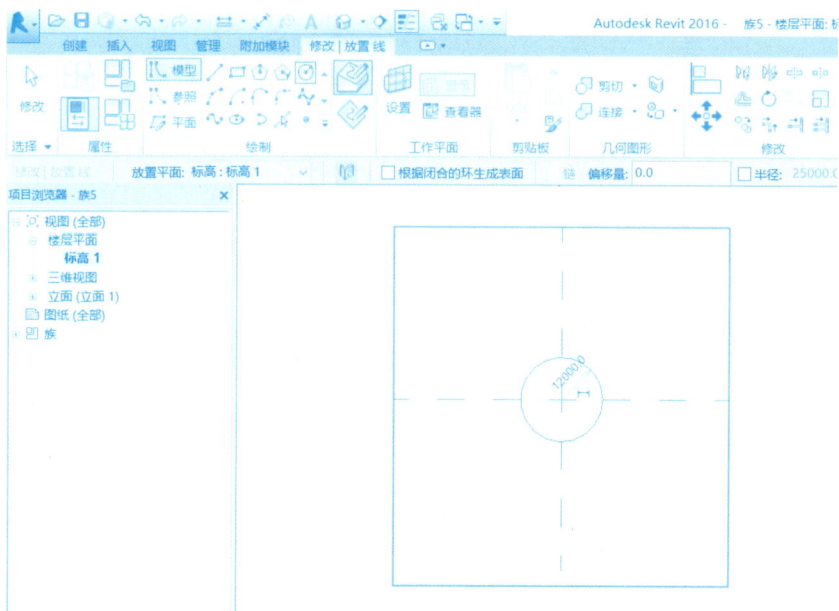

图 3-3-7

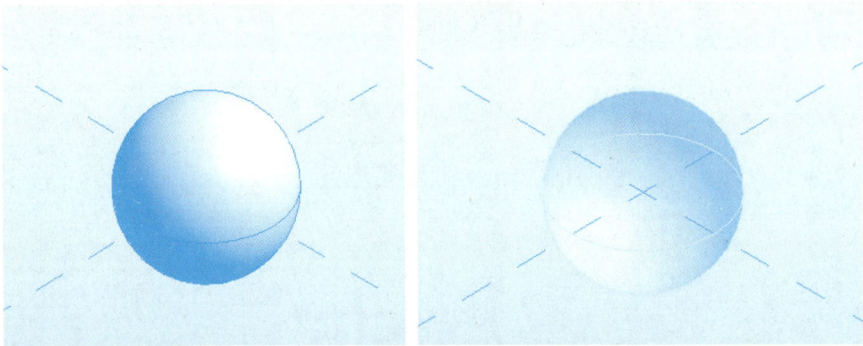

图 3-3-8

概念体量的形式创建方法包括"拉伸""旋转""放样""放样融合"等,同族的形式创建方法,这里不再赘述。

(3)概念体量表面有理化

创建完概念体量模型后,可以对概念体量模型中的面进行分割,并在分割后的表面,沿分割网格为概念体量模型指定表面图案,以增强表现力。有理化表面的步骤一般是先分割曲面,再创建表面填充图案。

①分割曲面。可以使用"分割表面"工具对体量或曲面进行划分,划分为多个均匀的小方格,即以平面方格的形式替代原曲面对象。如图 3-3-9 所示,创建圆柱,切换至三维视图,单击圆柱顶面使顶面处于选择状态,自动切换至"修改|形式"上下文选项卡,选择"分割表面"工

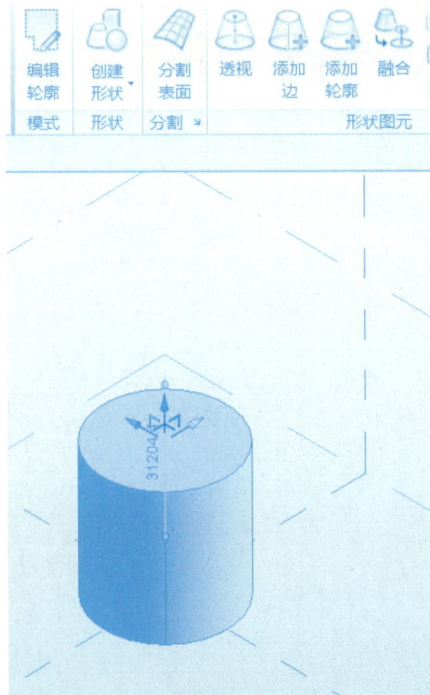

图 3-3-9

具(图 3-3-10),切换至"修改|分割的表面"上下文选项卡(图 3-3-11),确认激活"UV 网格和交点"面板中的"U 网格"和"V 网格"模式。

图 3-3-10

图 3-3-11

　　②创建表面填充图案。利用 UV 网格进行曲面分割后,可以对填充图案进行替换。默认情况下表面分割应无图案填充,如图 3-3-12 所示。在属性浏览器中可以选择需要的图案进行填充,如图 3-3-13 所示。

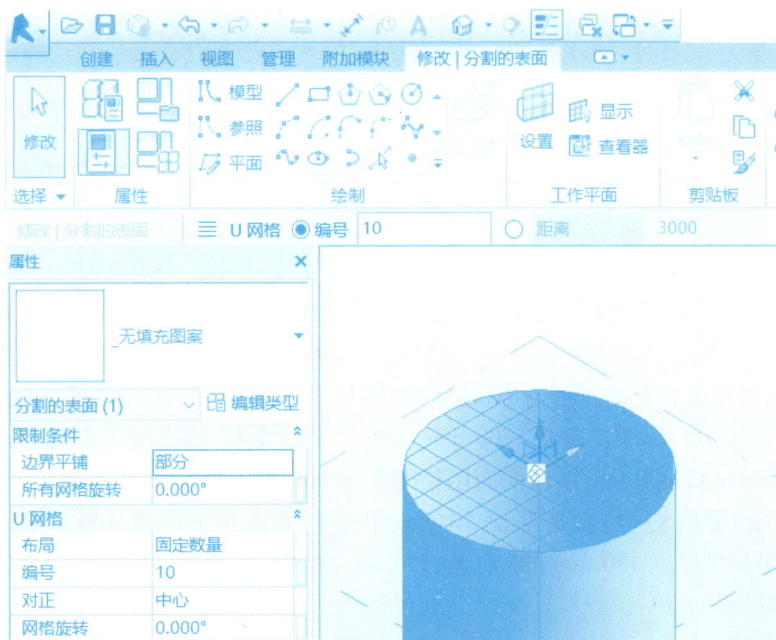

图 3-3-12

　　(4)概念体量调用和建筑构件转化

　　完成概念体量绘制后,必须将体量模型载入项目中才能进行体量分析和研究,进而了解各个形态体量模型的各楼层建筑面积、总面积等设计信息。完成概念体量创建后,可以通过拾取体量模型的表面生成墙、幕墙系统、楼板等建筑构件。

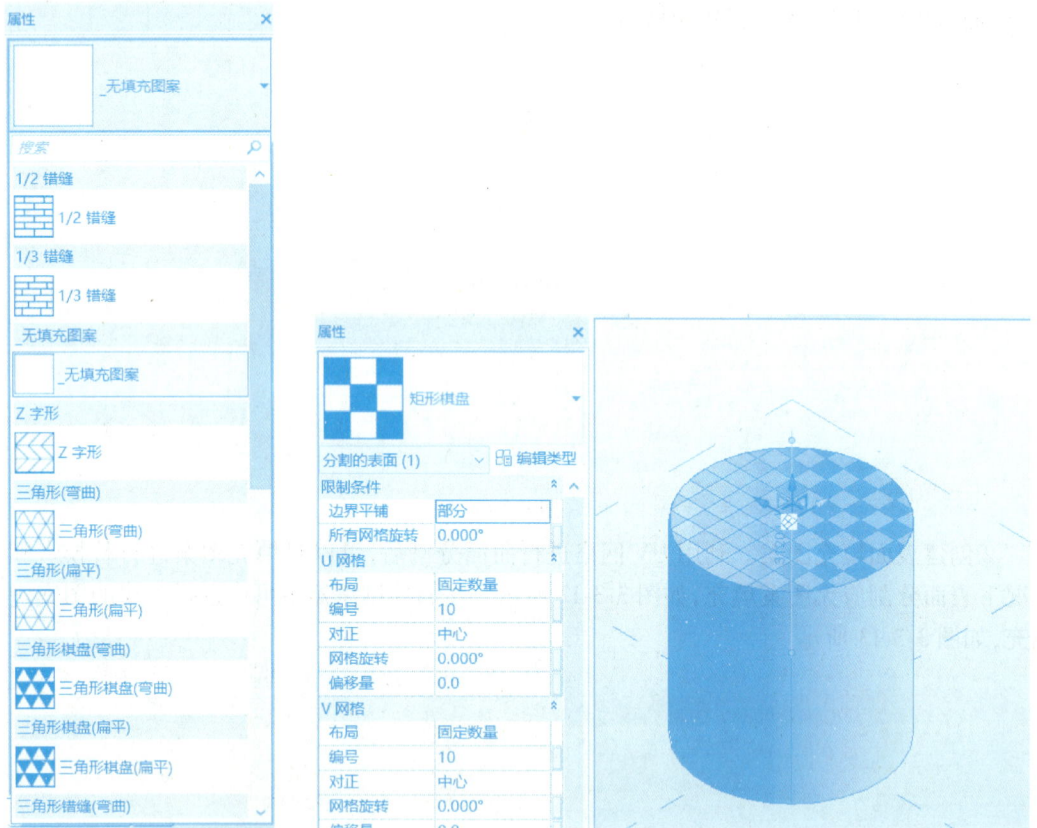

图 3-3-13

知识点 2：体量应用

体量形状包括实心形状和空心形状，这两种形状的创建方法完全相同，只是所表现的形状特征不同。

【例】 创建如图 3-3-14 所示体量模型，在体量上生成面墙、幕墙系统、楼板和屋顶。要求：①面墙为厚度 200 mm 的"常规-200 mm 面墙"，定位线为"核心层中心线"；②幕墙系统为"网格布局 600 mm×1 000 mm"（即横向网格间距为 600 mm，竖向网格间距为 1 000 mm），网格上均设置竖梃，竖梃均为"圆形竖梃 50 mm 半径"；③屋顶为厚度 400 mm 的"常规-400 mm"屋顶；④楼板为厚度 150 mm 的"常规-150 mm"楼板。（BIM 等级考试第六期第四题）

绘图步骤：

(1) 绘制长方体

新建一个项目，选择"体量和场地"选项卡→"概念体量"面板→"内建体量"工具（图 3-3-15），在弹出的对话框中不需要修改名称，直接单击"确定"按钮进入体量创建界面。

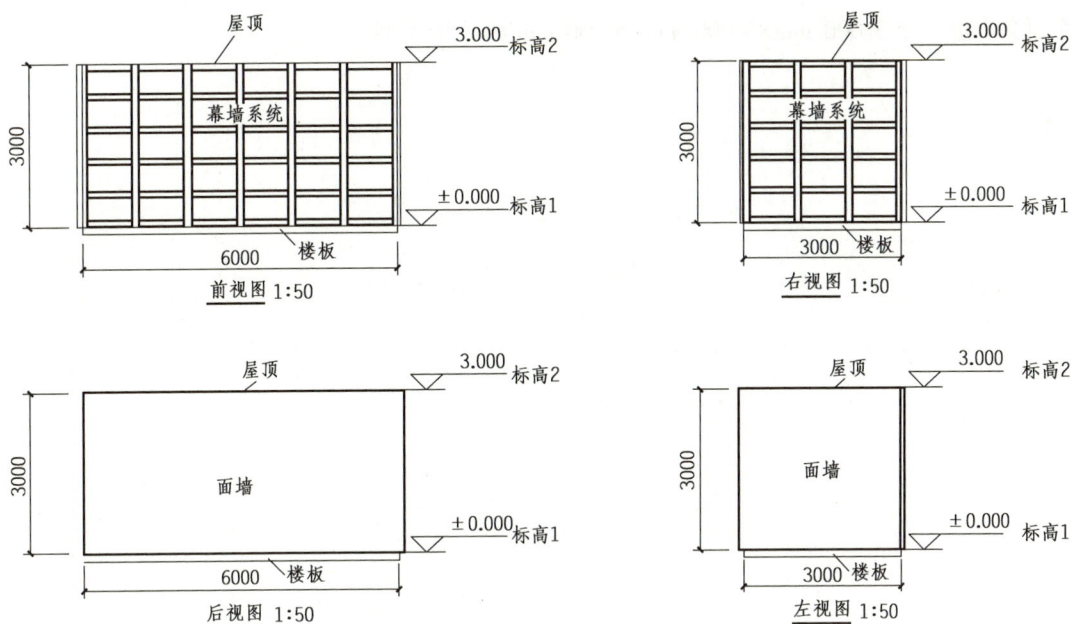

图 3-3-14

图 3-3-15

选择"创建"选项卡→"绘制"面板→"矩形"工具(图 3-3-16),在标高 1 楼层平面绘制一个 3 000 mm×6 000 mm 的矩形。选中所绘制的矩形,并单击"创建形状"下拉菜单中的"实心形状"后,生成一个长方体形状,如图 3-3-17 所示。

图 3-3-16

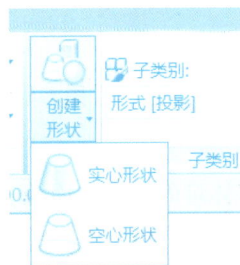

图 3-3-17

(2)修改长方体高度

切换至三维视图,将长方体的高度改为"3 000",如图 3-3-18 所示。修改完成后,单击"在位编辑器"面板中的"完成体量" ✔ ,完成内建体量的创建,如图 3-3-19 所示。此时在项目文件中会生成一个 3 000 mm×3 000 mm×6 000 mm 的体量模型。

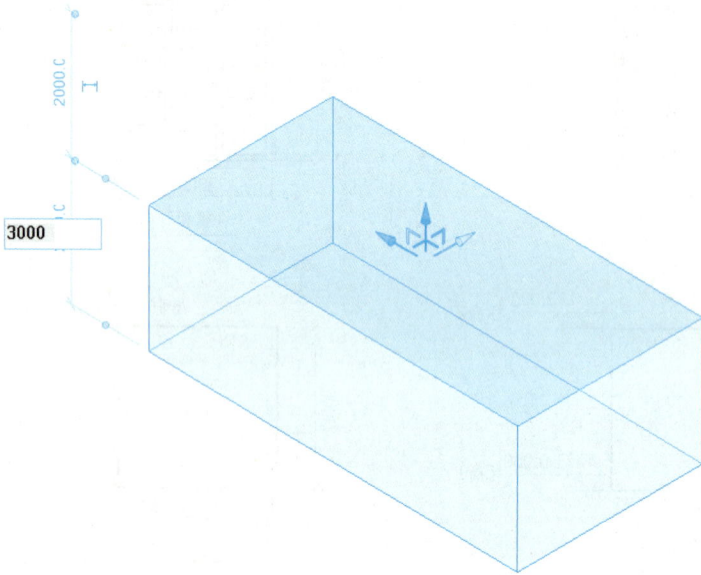

图 3-3-18

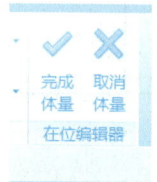

图 3-3-19

(3)生成体量楼层

体量楼层在已定义的标高处穿过体量的水平切面。体量楼层提供了切面上方直至下一个切面或体量顶部之间的尺寸信息。选择"体量楼层"将会显示项目已建的所有标高,可以根据项目实际需要勾选标高,Revit 将按体量轮廓在对应标高处创建体量楼板边界。

选择体量模型,单击"模型"面板中的"体量楼层"(图 3-3-20),在弹出的"体量楼层"对话框中,勾选"标高 1"和"标高 2",单击"确定"按钮退出,如图 3-3-21 所示。

图 3-3-20

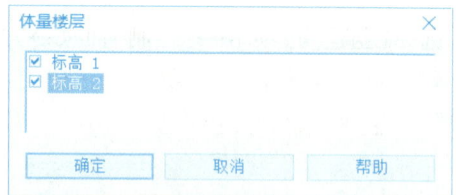

图 3-3-21

(4)体量转换

将体量的面生成面墙、幕墙系统、楼板和屋顶。

①生成面墙:切换至三维视图,根据要求,后和左是"常规-200 mm 面墙",选择"建筑"选项卡→"构建"面板→"墙"下列菜单→"面墙",在属性浏览器中新定义"名称"为"常规-200 mm",其他参数不需要修改,确定墙的"定位线"为"核心层中心线",结合"Tab"键选择体量模型的后面和左面并将其生成面墙,完成后的面墙效果如图 3-3-23 所示。

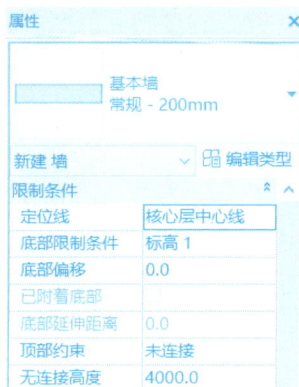

图 3-3-22

图 3-3-23

②生成幕墙系统:在属性浏览器中选择"幕墙",单击"编辑类型"按钮,复制一个新的类型"网格布局 600 * 1 000",按图 3-3-24 所示定义幕墙类型属性参数,选择体量模型的前表面和右表面,自动创建幕墙系统,创建效果如图 3-3-25 所示。

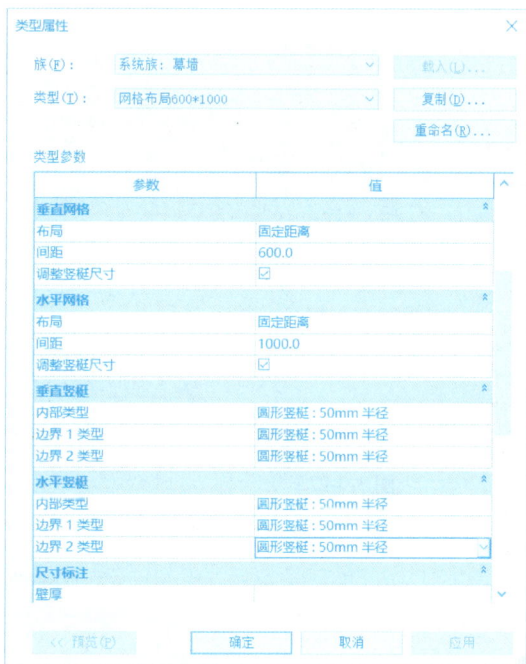

图 3-3-24

③生成楼板:如图 3-3-26 所示,按题目要求选择"建筑"选项卡→"构建"面板→"楼板"下拉菜单→"面楼板",选择名称为"常规-150 mm"的楼板,选择体量模型的下表面,单击"多重选择"面板下的"创建系统",则模型的下表面会生成楼板。

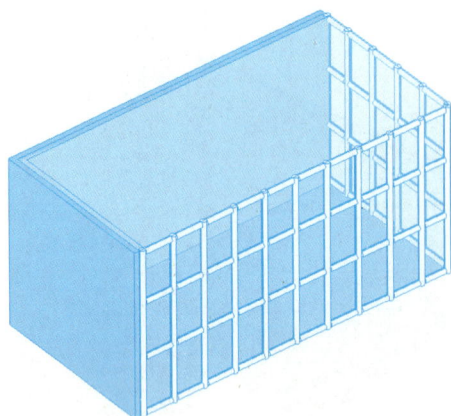

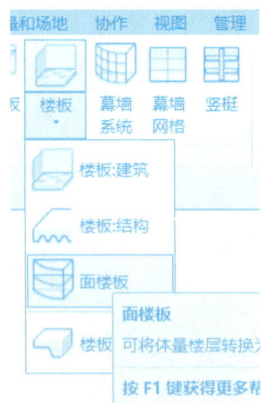

图 3-3-25   图 3-3-26

④生成屋顶:按要求选择"建筑"选项卡→"构建"面板→"屋顶"下列菜单→"面屋顶"(图 3-3-27),定义名称为"常规-400 mm"的新屋顶,选择体量模型的上表面,单击"多重选择"面板→"创建屋顶"(图 3-3-28),则模型的上表面会生成屋顶,完成后的三维模型如图 3-3-29 所示。

图 3-3-27   图 3-3-28

图 3-3-29

附录 实例工程图纸

1. BIM 建模环境设置(2 分)

设置项目信息:

(1)项目发布日期:2021 年 4 月 21 日;

(2)项目名称:实例工程;

(3)项目地址:中国北京市。

2. BIM 参数化建模(30 分)

(1)根据给出的图纸创建标高、轴网、柱、墙、门、窗、楼板、屋顶、台阶、散水、楼梯等,栏杆尺寸及类型自定,幕墙划分与立面图近似即可。门窗需按门窗表尺寸完成,窗台自定义,未标明尺寸不做要求。(24 分)

门窗表			
类型	设计编号	洞口尺寸/mm	数量
单扇木门	M0820	800×2 000	2
	M0921	900×2 100	8
双扇木门	M1521	1 500×2 100	2
玻璃嵌板门	M2120	2 100×2 000	1
双扇窗	C1212	1 200×1 200	10
固定窗	C0512	500×1 200	2

(2)主要建筑构件参数要求如下:(6 分)

外墙:240 mm,10 mm 厚灰色涂料、220 mm 厚混凝土砌块、10 mm 厚白色涂料。

内墙:120 mm,10 mm 厚白色涂料、100 mm 厚混凝土砌块、10 mm 厚白色涂料。

楼板:150 mm 厚混凝土;一楼底板为 450 mm 厚混凝土。

屋顶:100 mm 厚混凝土。

散水:宽度 800 mm。

柱子:300 mm×300 mm。

3. 创建图纸(5 分)

(1)创建门窗明细表。门明细表要求包含类型标记、宽度、高度、合计字段;窗明细表要求包含类型标记、底高度、宽度、高度、合计字段,并计算总数。(3 分)

(2)创建实例工程一层平面图,创建 A3 公制图纸,将实例工程一层平面图插入,并将视图比例调整为 1∶100。(2 分)

4. 模型渲染(2 分)

对房屋的三维模型进行渲染,质量设置为"中",背景设置为"天空:少云",照明方案为"室外:日光和人造光",其他未标明选项不做要求,结果以"实例工程渲染. jpg"为文件名保存至本题文件夹中。

5. 模型文件管理(1 分)

将模型文件命名为"实例工程",并保存项目文件。

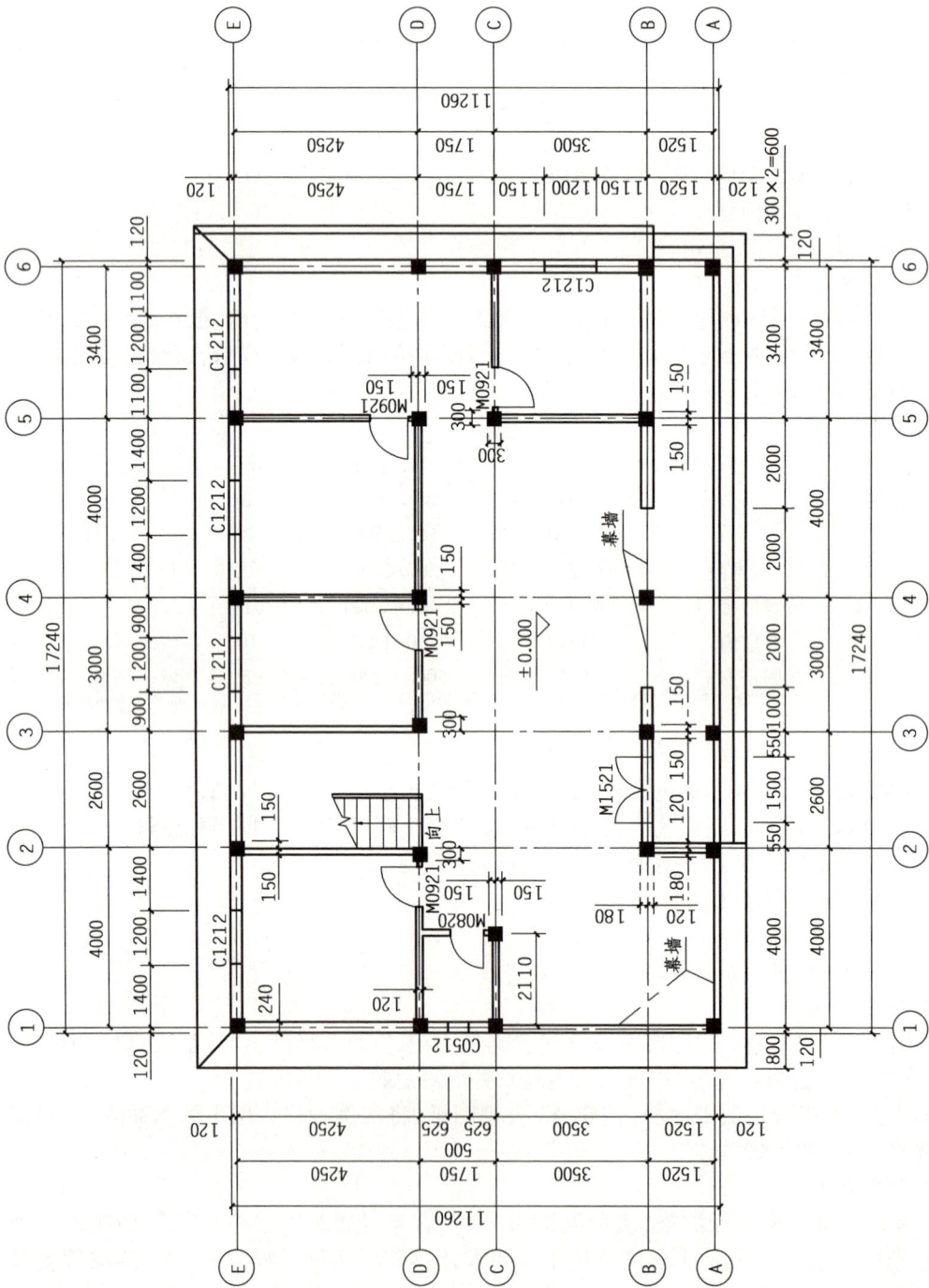

一层平面图 1:100

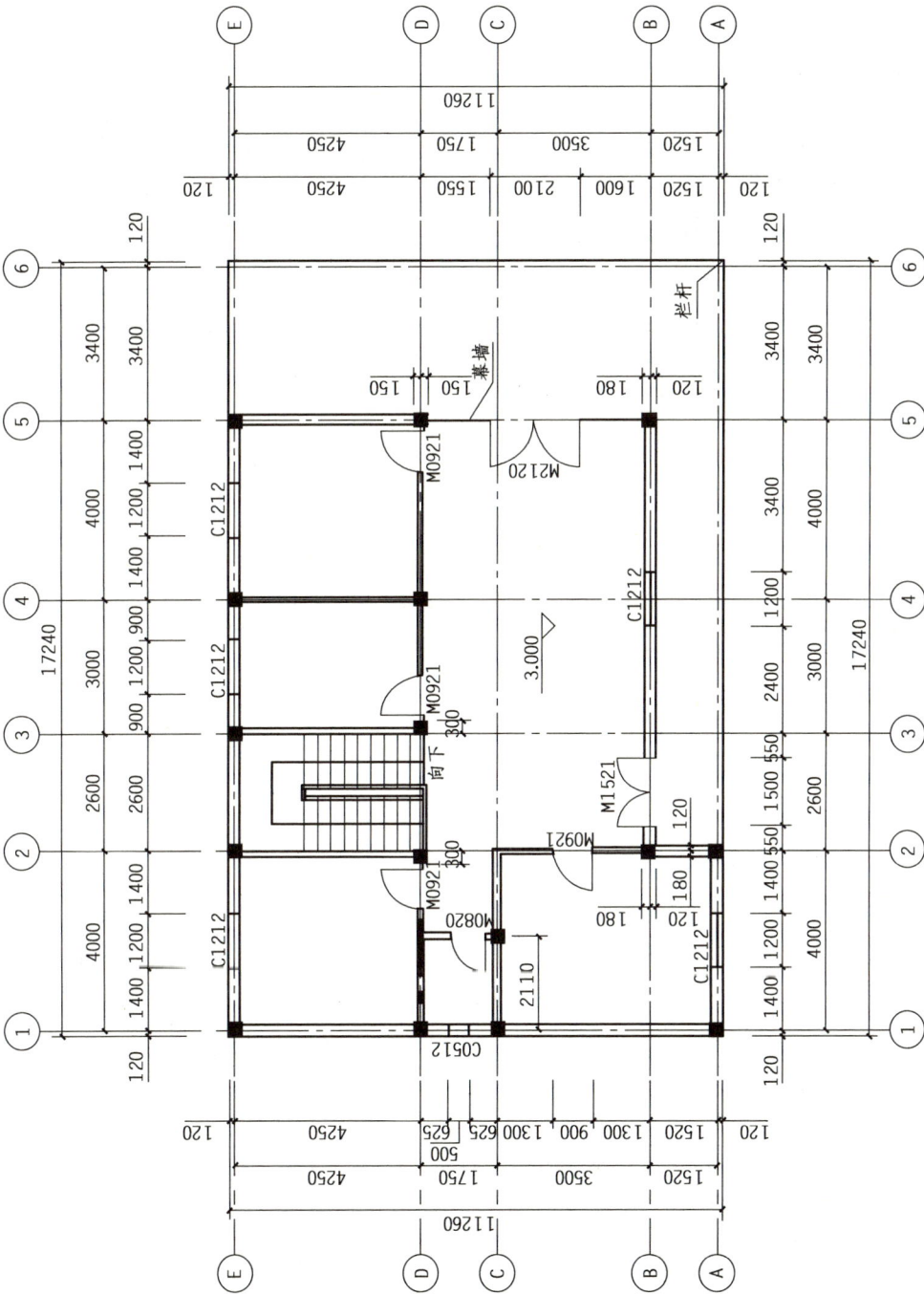

二层平面图 1:100

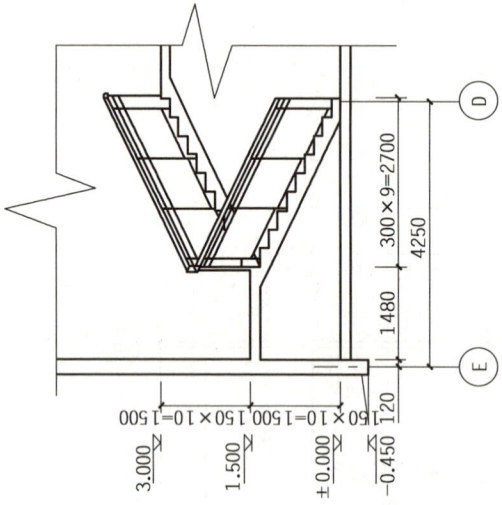

1—1 剖面图 1:50

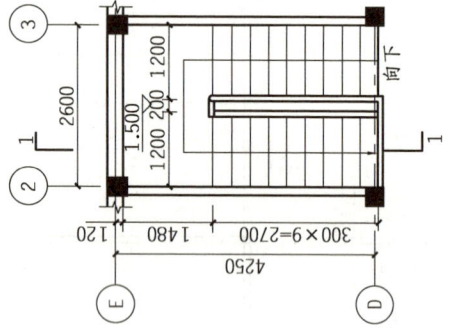

楼梯平面图 1:50

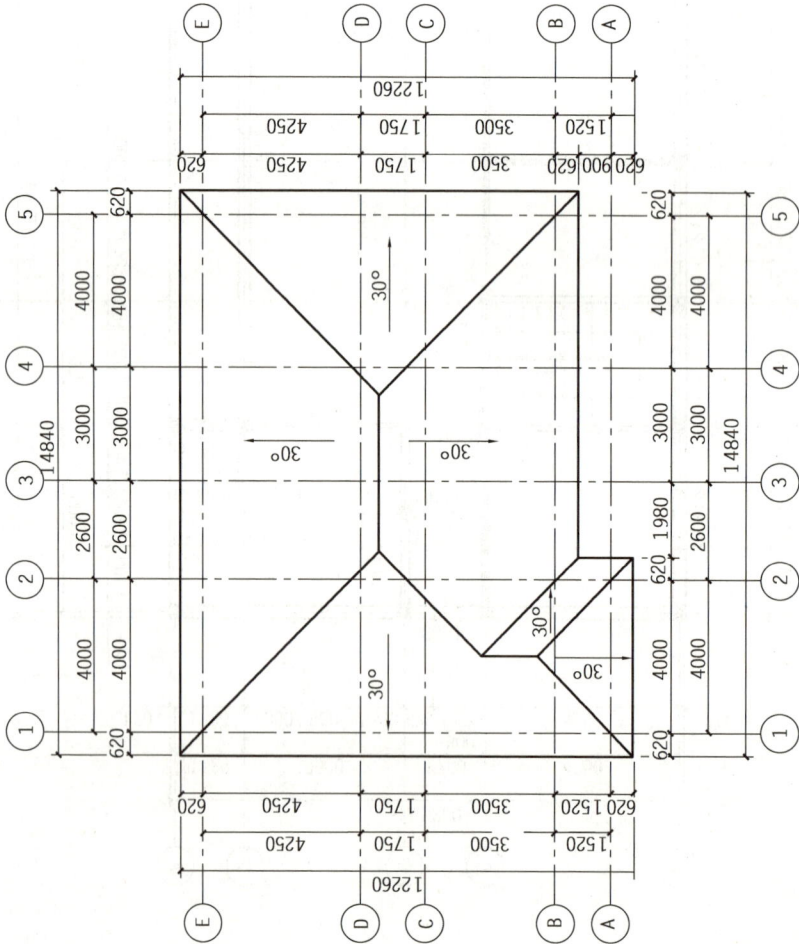

屋顶平面图 1:100

Ⓐ—Ⓔ立面图 1:150

Ⓐ—Ⓔ立面图 1:150

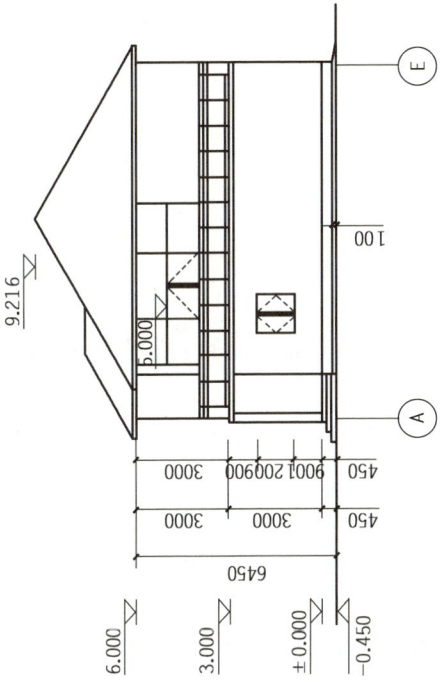

①—⑥立面图 1:150

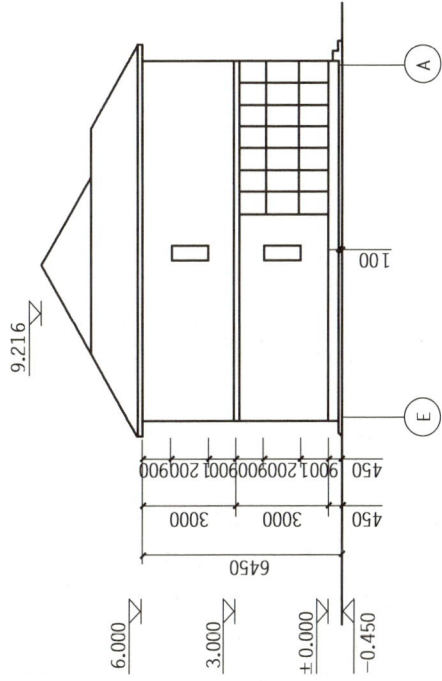

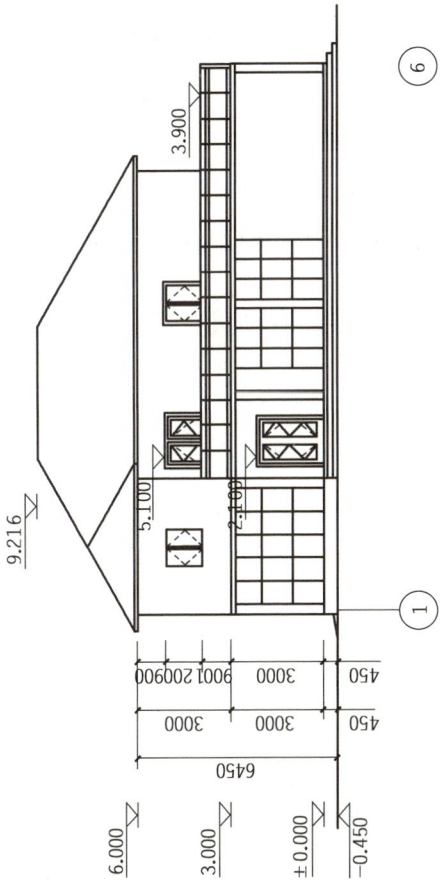

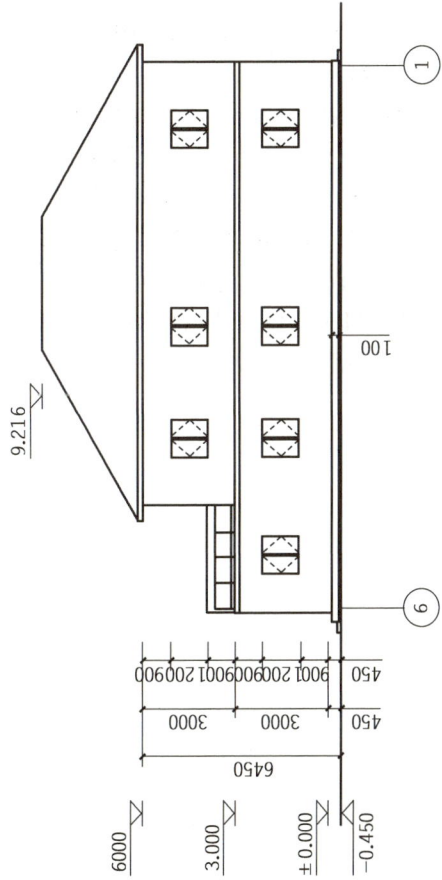

⑥—①立面图 1:150

参考文献

［1］工业和信息化部教育与考试中心.BIM 建模工程师教程［M］.北京:机械工业出版社,2019.

［2］高华,施秀凤,丁丽丽.BIM 应用教程:Revit Architecture 2016［M］.武汉:华中科技大学出版社,2017.

［3］王婷.全国 BIM 技能培训教程:Revit 初级［M］.北京:中国电力出版社,2015.

［4］罗玮,邱灿盛.中文版 Revit 2018 建筑设计从入门到精通［M］.北京:机械工业出版社,2018.

［5］朱溢镕,焦明明.BIM 概论及 Revit 精讲［M］.北京:化学工业出版社,2018.

［6］祖庆芝.全国 BIM 技能等级考试一级试题解析［M］.北京:中国建筑工业出版社,2020.

［7］黄亚斌.Revit 基础教程［M］.北京:中国水利水电出版社,2017.

［8］林标锋,卓海旋,陈凌杰.BIM 应用:Revit 建筑案例教程［M］.北京:北京大学出版社,2018.

［9］叶雯.建筑信息模型［M］.北京:高等教育出版社,2016.

［10］李鑫.中文版 Revit 2016 完全自学教程［M］.北京:人民邮电出版社,2016.

［11］曾浩,王小梅,唐彩虹.BIM 建模与应用教程［M］.北京:北京大学出版社,2018.

［12］廊坊市中科建筑产业化创新研究中心."1+X"建筑信息模型(BIM)职业技能等级证书:教师手册［M］.北京:高等教育出版社,2019.

［13］陈瑜."1+X"建筑信息模型(BIM)职业技能等级证书:学生手册(初级)［M］.北京:高等教育出版社,2019.